功夫厨房系列

炒 有滋有味幸福长

甘智荣　主编

U0212807

重庆出版集团 重庆出版社

图书在版编目（CIP）数据

炒：有滋有味幸福长 / 甘智荣主编. －重庆：
重庆出版社,2016.4
ISBN 978-7-229-10969-1

Ⅰ.①炒… Ⅱ.①甘… Ⅲ.①炒菜－菜谱 Ⅳ.
①TS972.12

中国版本图书馆CIP数据核字(2016)第023829号

炒：有滋有味幸福长
CHAO:YOUZIYOUWEI XINGFU CHANG

甘智荣　主编

责任编辑：吴向阳　谢雨洁
责任校对：李小君
装帧设计：深圳市金版文化发展股份有限公司
出版统筹：深圳市金版文化发展股份有限公司

重庆出版集团
重庆出版社　出版
重庆市南岸区南滨路162号1幢　邮政编码：400061　http://www.cqph.com
深圳市雅佳图印刷有限公司印刷
重庆出版集团图书发行有限公司发行
邮购电话：023-61520646
全国新华书店经销

开本：720mm×1016mm　1/16　印张：15　字数：150千
2016年4月第1版　　2016年4月第1次印刷
ISBN 978-7-229-10969-1

定价：29.80元

如有印装质量问题，请向本集团图书发行有限公司调换：023-61520678

随着生活节奏的加快，人们在工作之余越来越渴望美食的慰藉。如果您是在职场中打拼的上班族，无论是下班后疲惫不堪地走进家门，还是周末偶有闲暇希望犒劳一下辛苦的自己时，该如何烹制出美味可口而又营养健康的美食呢？或者，您是一位有厨艺基础的美食达人，又如何实现厨艺不断精进，烹制出色香味俱全的美食，不断赢得家人朋友的赞誉呢？当然，如果家里有一位精通烹饪的"食神"那就太好了！然而，作为普通百姓，延请"食神"下厨，那不现实。这该如何是好呢？尽管"食神"难请，但"食神"的技能您可以轻松拥有。求人不如求己，哪怕学到一招半式，记住烹饪秘诀，也能轻松烹制一日三餐，并不断提升厨艺，成为自家的"食神"了。

为此，我们决心打造一套涵盖各种烹饪技法的"功夫厨房"菜谱书。本套书的内容由名家指导编写，旨在教会大家用基本的烹饪技法来烹制各大菜系的美食。

这套丛书包括《炒：有滋有味幸福长》《蒸：健康美味营养足》《拌：快手美味轻松享》《炖：静心慢火岁月长》《煲：一碗好汤养全家》《烤：喷香滋味绕齿间》六个分册，依次介绍了烹调技巧、食材选取、营养搭配、菜品做法、饮食常识等在内的各种基本功夫，配以精美的图片，所选的菜品均简单易学，符合家常口味。本套书在烹饪方式的选择上力求实用、广泛、多元，从最省时省力的炒、蒸、拌，到慢火出营养的炖、煲，再到充分体现烹饪乐趣的烤，必能满足各类厨艺爱好者的需求。

该套丛书区别于以往的"功夫"系列菜谱，在于书中所介绍的每道菜品都配有名厨示范的高清视频，并以二维码的形式附在菜品旁，只需打开手机扫一扫，就能立即跟随大厨学做此菜，从食材的刀工处理到菜品最终完成，所有步骤均简单易学，堪称一步到位。只希望用我们的心意为您带来最实惠的便利！

　　小炒是我们餐桌上最为常见的家常菜品种，不管是普通的青菜，还是禽肉、蛋类、水产，甚至是面食、米饭，只要油锅烧热，放点葱、姜、蒜末爆锅，大火爆炒之后就是一盘香气四溢、让人垂涎欲滴的小炒。如果喜欢重口味，再放点辣椒、花椒，那更是别有一番鲜香的滋味。

　　小炒之所以广受欢迎，原因在于其所需原料新鲜而简单，烹饪方式快捷、方便，菜肴滋味浓厚、清淡两相宜。大多数食材都可以用来"炒"，炒青菜、炒黄瓜、炒番茄、炒肉丝、炒肉片、炒鱼片、炒鸡蛋、炒面、炒饭，"炒"这种烹饪方式可谓是吸收了其他烹饪方式的众多长处而独树一帜。

　　既然小炒这么好吃，烹饪方法又方便、快捷，您是不是已经跃跃欲试了呢？本书第一章首先为您介绍一系列炒菜秘诀，包括"炒"前的各种准备功夫和炒菜细节等。只有先掌握了这些基础知识，才能为之后的操作打好基础。

　　第二章中，为您介绍清爽的素菜小炒。本章几乎囊括了我们日常食用的各种蔬菜，白菜、洋葱、芹菜、土豆、空心菜、胡萝卜、黄瓜、苦瓜、青椒、西红柿等，操作简单而快捷。

　　第三章到第五章分别为您介绍的是诱人畜肉小炒、飘香禽蛋小炒及鲜美水产小炒，为您的餐桌上添几道好吃的荤菜小炒。这一类小炒选用的食材虽然是荤菜，但是并不需要很长的烹饪时间，只要按照菜谱的步骤来操作，您一定得心应手。

　　最后，在第六章中，为您介绍特色炒饭、炒面和炒粉。这一类小炒既可以当成菜，也可以当成饭，可谓一举两得，别有一番风味。

　　赶紧翻开菜谱，找到您最想吃的菜，准备开炒吧！下一个大厨，可能就是您呢！

目录

PART 1 炒菜秘诀大公开 ///////////////////////

PART 2 清爽素菜 ///////////////////////////////

PART 3 诱人畜肉 //

PART 4 飘香禽蛋 ///////////////////////////////////////

PART 5 鲜美水产 //////////////////////////////////

PART 6 花样主食 //////////////////////////////////////

炒菜秘诀大公开

　　炒菜是日常生活中大家最常接触的烹饪方式。炒菜食材的选择很平常，在菜市场都可以买到，调料也并不难得，只要你有下厨的心情，随时都可以烹制。本章从"炒菜"的基础知识开始，列出多项简单、易操作的炒菜技巧，让你一学就会，为做出美味小炒打好基础。

有好锅，才有接下来的一切

　　锅是做好炒菜的主角。有一口好锅，厨房才能好戏连台，好菜不断。常见的炒锅有铁锅、不锈钢锅、不粘锅及电炒锅。

　　铁锅是最传统的锅具，不少乡村地区的人们依然保持着用土灶台、大铁锅炒菜的传统，炒出的菜特别香。世界卫生组织的专家也建议人们使用铁锅，因为它是目前"最安全的锅"。生铁在冶炼过程中不加入其他微量元素，因此用铁锅炒菜完全不用担心有害溶出物。即使有铁质溶出，对人体也是有益无害的。用铁锅炒出的菜好吃是因为生铁导热较慢，用铁锅炒菜容易控制火候，使食材受热均匀。根据材质，铁锅可分为生铁锅和熟铁锅。生铁锅的导热性比熟铁锅差，更不容易糊锅，也不易导致油温过高，有益健康。

　　不锈钢锅是在钢材中加入一定量的铬合金元素及其他一些微量元素，使金属表面具有一层氧化薄膜，增强了金属在多种酸、碱、盐等水溶液中的稳定性。不锈钢锅具有耐高温、耐低温的性能，而且美观卫生。但不锈钢锅切忌长期接触酸、碱类物质，不能长时间存放菜汤、酱油、盐等，以免其中对人体健康不利的微量元素被溶解出来。

　　不粘锅之所以"不粘"，是因为锅底采用了不粘涂层，常见的有特氟龙涂层和陶瓷涂层。这种涂层不仅使食物不粘锅底，而且极易清洗。使用不粘锅炒菜比使用其他锅更省油，有助于减少脂肪的摄入，适合追求低热量的人选用。需要注意的是，使用不粘锅炒菜，最好不要选择金属锅铲，这样容易致使不粘涂层的破裂，很可能释放出对人体健康有害的物质。

　　电炒锅的出现大大简化了厨房的装备，只须要插上电源，就可进行烹饪了，无须炉灶，方便清洁，更加适合生活节奏日益加快的现代都市人。电炒锅的优势是可自由调节温度，使初学烹饪、缺乏经验的人也能轻松掌控温度。

选对油，喷香滋味立即有

市面上的油品种多样，怎样选对食用油，也是一门学问。

炒菜往往需要比较高的温度，尤其是爆炒。油脂在高温下会发生多种化学变化，而油烟是这种变化的最坏产物之一。油烟中的丙烯醛具有强烈的刺激性和催泪性，吸入人体会刺激呼吸道，引发咽炎、肺炎等。油烟若附在皮肤上，会影响皮肤的正常呼吸。日常炒菜的温度是180℃，实际上是无须冒烟之后才下菜的。

烹调的时候，油烟什么时候开始产生，与油的烟点密切相关。烟点是指油开始明显冒烟的温度。一般来说，烟点越低的油，越不耐热，越不适合高温烹调。油的烟点跟其精炼程度和脂肪酸的组成有关。通常情况下，油的精炼程度越低，多不饱和脂肪酸含量越高，其烟点越低，也就越不耐热。我国食用油标准将油分为四级，其中一级油的精炼程度最高，看上去更清澈透亮，其烟点最高。一级油的烟点要在215℃以上，二级油在205℃以上，对于三级油和四级油的烟点没有要求，但由于它们的精炼程度较低，烟点也低，所以不适合高温烹调。

市面上常见的烹调油有花生油、大豆油、玉米油、茶籽油、葵花籽油、调和油等。日常炒菜应该首选耐热性较好的花生油和茶籽油。

选好料，是美味的关键所在

想要炒一盘好菜，首先要选好料。只有材料选得好，菜才好吃。

◎**如何选择动物性食品**

鱼类、禽肉类与畜肉类相比，脂肪含量相对较低，不饱和脂肪酸含量较高，特别是鱼类，含有较多的不饱和脂肪酸，对预防血脂异常和心脑血管疾病等具有重要作用，宜作为首选食物。

蛋类的营养价值较高，蛋黄中维生素和矿物质含量丰富，且种类齐全，所含卵磷脂具有降低血清胆固醇的作用。但蛋黄中的胆固醇含量较高，不宜食用过多，正常成人每日可吃一个。动物肝脏中脂溶性维生素、B族维生素和微量元素含量丰富，适量食用可改善维生素

A、B族维生素等营养素缺乏的状况。

◎**如何选择植物性食品**

蔬菜根据颜色可分为深色蔬菜和浅色蔬菜，深色蔬菜的营养价值一般优于浅色蔬菜。深色蔬菜指深绿色、红色、橘红色、紫红色的蔬菜，这些蔬菜富含胡萝卜素，尤其是β-胡萝卜素，它是维生素A的主要来源。深色蔬菜多含有叶绿素、叶黄素、番茄红素、花青素以及芳香物质，使其具有鲜艳的色彩和特殊的芳香。另外，像四季豆、荷兰豆、豇豆这些豆荚类蔬菜和菌菇类，也非常适合用于炒食。

9种家常食材切法详解

刀工其实也很有讲究，它是根据原材料的不同性质，采用不同的运刀方法，将食物切成截面光滑、棱角分明的片、斜片、块、段、条、丝、丁、粒、蓉等形状。

◎切片

常用原材料：蘑菇、洋葱等。

切法实例：①取洗净的杏鲍菇，用刀将一侧切平整。②将杏鲍菇切成片状。③将剩余的杏鲍菇切成片即可。

◎切斜片

常用原材料：芹菜、冬笋、鱼类等。

切法实例：①将洗净的芹菜杆用刮皮刀去除表面的老茎。②用刀斜向切芹菜。③用此方法将芹菜全部切成斜片即可。

◎切块

常用原材料：胡萝卜、西葫芦等。

切法实例：①取洗净去皮的西葫芦，纵向剖开成两半。②取一半，纵向切开。③将对半切好的西葫芦从一端开始，切成同样大小的块状即可。

◎切段

常用原材料：葱、西芹、芦笋等。

切法实例：①把西芹切段，切口与纤维成直角。②再将西芹切成1～3厘米长的小段。

◎切条

常用原材料：萝卜、竹笋、椰菜等。

切法实例：①取一段洗净去皮的萝卜段，一分为二。②将萝卜块切成厚片。③将切好的萝卜片放平，纵向切成条状即可。

◎切丝

常用原材料：黄瓜、萝卜、白菜等。

切法实例：①取洗净的白菜，依次切成均匀的片状。②将白菜片摆放整齐，用刀切成丝状即可。

◎切丁

常用原材料：胡萝卜、香菇等。

切法实例：①首先把香菇切成1厘米方条状。②把方条切成1厘米方粒形状，过大的方粒会使火力不易透进。

◎切粒

常用原材料：葱、蒜、芹菜、韭菜和萝卜等。

切法实例：①纵向将芹菜剖开，一分为二。②将剖开的芹菜切条状。③将芹菜条切成1厘米方粒形状。

◎剁蓉

用于煎黄花鱼和拌豆腐的辣酱，以及调味用的香味蔬菜。

常用原材料：姜、芫荽、金针菇、虾米、蒜头和豆豉等。

切法实例：①取洗净的金针菇，摆放整齐，用直刀法切末。②将金针菇依次切成均匀的末。③将所有的金针菇切成末即可。

蔬菜、肉类、海鲜、豆制品……我们常见的食材有千万种，每种食材都是用同一种炒法吗？当然不是，以下介绍6种最常用的炒法，学习起来吧！

炒主要分为生炒、熟炒、滑炒、干炒、焦炒、软炒等。

生炒：以不挂糊的原材料为主，先将主料放入沸油锅中，炒至五六成熟，再放入配料，配料易熟的可迟放，不易熟的与主料一齐放入，然后加入调味料，迅速颠翻几下，断生即好。用这种炒法炒出的菜肴汤汁很少，口感清爽脆嫩。

熟炒：一般先将大块的原材料加工成半熟或全熟，然后改刀切成片、块等，放入沸油锅内略炒，再依次加入辅料、调味品和少许汤汁，翻炒几下即成。熟炒选用的原材料大都不挂糊，起锅时一般用湿团粉勾成薄芡，也有用豆瓣酱、甜面酱等调料烹制而不再勾芡的。熟炒菜的特点是略带卤汁、酥脆入味。

滑炒：先将主料出骨，经调味品拌腌，再用蛋清团粉上浆，放入五六成热的温油锅中，一边炒一边使油温增加，炒到油约九成热时出锅，再炒配料。待配料快熟时，投入主料同炒几下，加些卤汁，勾薄芡起锅即可。滑炒的菜肴口感非常嫩滑，但应注意在主料下锅后，必须使主料散开，以防止主料挂糊粘连成块。

干炒：将不挂糊的小型原材料经调味品拌腌后，放入八成热的油锅中迅速翻炒，炒到外面焦黄时，再加配料及调味品同炒几下，待全部卤汁被主料吸收后，即可出锅。

焦炒：将小型原材料根据菜肴的不同要求，或直接炸或拍粉炸或挂糊炸，再用清汁或芡汁调味即可。焦炒分为挂糊和不挂糊，但都必须将原材料炸焦炸透，调料既可用清汁也可用芡汁。

软炒：将液体原材料掺入调料、辅料拌匀，或将加工成蓉泥的原材料加汤水调匀，用中小火加少量温油加热炒制而凝结成菜即可。或将鸡蛋调散成为液体状态加入调料和辅料拌匀，不用油而用汤水炒制凝结成菜即可。

火候就是你的"功力" / 炒

火候，是指菜肴在烹调过程中所用的火力大小和时间长短。在炒菜过程中，必须要掌握好火候，才能炒出一手好菜。

一般来说，火力运用大小要根据原材料性质来确定，但也不是绝对的。有些菜根据烹调要求要使用两种或两种以上火力，如清炖牛肉就是先旺火，后小火；而余鱼脯则是先小火，后中火；干烧鱼则是先旺火，再中火，后小火烧制。

菜肴原材料多种多样，有老、嫩、硬、软，烹调中的火候运用要根据原材料质地来确定。软、嫩、脆的原材料多用旺火速成，老、硬、韧的原材料多用小火长时间烹调。但如果在烹调前通过初步加工改变了原材料的质地和特点，那么火候运用也要改变。如对原材料进行切细、走油、焯水等都能缩短烹调时间。原材料数量的多少，也和火候大小有关。数量越少，火力就要相对减弱，时间也要缩短。原材料形状与火候运用也有直接关系。一般来说，大块的原材料在烹调中，由于受热面积小，需长时间才能熟，所以火力不宜过旺；而碎小形状的原材料因其受热面积大，急火速成即可。

烹调技法与火候运用密切相关。炒、爆、烹、炸等法多用旺火速成。烧、炖、煮、焖等技法多用小火长时间烹调。但根据菜肴的要求，每种烹调技法在运用火候上也不是一成不变的。只有在烹调中综合各种因素，才能正确地运用好火候。

在炒菜时只有掌握好火候才能快速烹调出色、香、味俱全的美食，以下对火候简单介绍一下：

旺火：旺火又称为大火、急火或武火，火柱会伸出锅边，火焰高而安定，火色呈蓝白色，热度逼人；烹煮速度快，可保留原材料的新鲜及口感的软嫩，适合生炒、滑炒、爆等烹调方法。

中火：中火又称为文武火或慢火，火力介于旺火及小火之间，火柱稍伸出锅边，火焰较低且不安定，火光呈蓝红色，光度明亮；一般适合于烹煮酱汁较多的食物时使食物入味，如熟炒、炸等均适合。

小火：小火又称为文火或温火，火柱不会伸出锅边，火焰小且时高时低，火光呈蓝橘色，光度较暗且热度较低；一般适合于慢熟或不易烂的菜，适合干炒、烧、煮等烹饪。

微火：微火又称为烟火，火焰微弱，火色呈蓝色，光度暗且热度低；一般适合于需长时间炖煮的菜，使食物有入口即化的口感，并能保留原材料原有的香味，适合的烹调方法有炖、焖等。

美味还需看调料

调味料有很多种，在这里主要介绍家常必备的几种，如食盐、酱油、醋、料酒、白糖等。

食盐： 炒菜时盐一定要晚放。要达到同样的咸度，晚放盐比早放盐的用盐量更少。如果放盐较早，则盐分已渗入食物内部，在同样的咸度感觉下不知不觉摄入了更多的盐分，对健康不利。

酱油： 老抽起上色提鲜的作用，做红烧菜肴或者是焖煮、卤味时常用；生抽用来调味，适宜凉拌菜，颜色不重，显得清爽。

醋： 醋在烹调过程中的作用非常多，在烹调鱼类时加入少许醋，可去除鱼腥味；烧羊肉时加少量醋，可解除羊膻气。

料酒： 腌制肉类时加料酒可以去腥，炒鸡蛋时在蛋液中加少许料酒可以去腥提香。

甜面酱： 甜面酱是以面粉、水、食盐为原材料制成的一种酱。除了可以直接蘸食之外，还可以当调味料用。

豆瓣酱： 豆瓣酱是以黄豆为主要原材料配制而成，以咸鲜味为主，是川菜常用的调料，比如回锅肉、麻婆豆腐等。

番茄酱： 番茄酱是鲜番茄的酱状浓缩制品，一般不直接吃。番茄酱常用作鱼、肉等食物的烹饪作料，可以增色、添酸、助鲜。如糖醋鱼、糖醋排骨、锅包肉、比萨等常用到番茄酱。

白糖： 白糖是由甘蔗或者甜菜榨出的糖蜜制成的精糖。在制作酸味的菜肴汤羹时加入少量白糖，格外味美可口。

不可忽略的炒菜细节

在炒菜时，我们必须注意一些炒菜的细节，才能做出更美味、更健康的菜肴。

◎所用的调味品及其用量必须适当

调味品要由少到多慢慢地加，边加边尝，特别是在调制复合味时，要注意各种味道的主次关系。比如，有些菜肴以甜酸为主，其他的味道为辅；有些菜肴以麻辣为主，其他的味道为辅。

◎保持风味特色

烹调菜肴时，必须按照菜肴的不同规格要求进行调味，要做到：烧什么菜像什么菜，是什么风味就调什么风味，防止随心所欲地进行调味，把菜肴的味道调混杂。

◎根据季节调节色泽和口味

人的口味随着季节的变化会有所变化，如：在天气炎热的夏季，人们喜欢口味比较清淡的菜肴；在寒冷的冬季里，则喜欢浓厚肥美的菜肴。在调味时，可在保持风味特色的前提下，灵活进行调味。

◎根据原材料的性质掌握调味

新鲜原材料要突出本味，调味时不压主味，如：新鲜的鸡、鸭、鱼、肉等，不要用太麻或太辣的调味品。一些有腥膻气味的原材料要除去异味，可以加一些料酒、醋、辣椒等。味淡的原材料则需增加滋味。有些原材料本身无任何滋味，要适当增加滋味，如：白菜、黄瓜等。

◎急火快炒，适当加醋

炒菜时要急火快炒，避免长时间炖煮，而且要盖好锅盖，防止溶于水的维生素随蒸汽跑掉。炒菜时应尽量不加或少加水；煮菜时应先将水烧开，然后再放菜。烹调菜肴时适当加点醋，不但能使菜脆嫩好吃，而且可以防止维生素遭到破坏。

◎不同菜肴有不同的放盐顺序

烧整条鱼或炸鱼块时，在烹制前先用盐腌渍，有助于咸味的渗入；做红烧肉、红烧鱼块时，肉、鱼经煎后，即应放入盐，然后旺火烧开，小火煨炖；肉汤、骨头汤、蹄髈汤等荤汤，在熟烂后放盐调味，这样能使肉中的蛋白质、脂肪充分地溶在汤中，使汤更鲜美。

清爽素菜

　　素菜是人们日常饮食中不可缺少的食物，包括各种可以烹饪成菜的蔬果、菌类、豆类，如白菜、西红柿、金针菇、豆腐等。素菜可以为人体提供身体必需的多种维生素和矿物质，这是其他食物所无法比拟的。素菜富含膳食纤维，能够帮助人体清理体内的"垃圾"。素菜最佳的食用方法就是快炒，这样才能尽可能地保证其有用的营养素不流失。本章就为你介绍了38道美味素菜小炒，你可以根据自己的口味进行选择制作。

扁豆丝炒豆腐干

烹饪时间：2分钟　　口味：清淡

原料准备

豆腐干·············100克

扁豆···············120克

红椒···············20克

姜片···············少许

蒜末、葱白······各适量

调料

盐·················3克

鸡粉···············2克

水淀粉·············少许

食用油·············适量

制作方法

1 洗净的豆腐干、扁豆、红椒切成丝。

2 锅中注水烧热，放入少许盐、食用油，倒入扁豆，煮至八成熟后捞出，沥干。

3 热锅注油烧热，倒入豆腐干，炸约半分钟，捞出沥干。

4 用油起锅，放入姜片、蒜末、葱白，爆香；倒入扁豆丝、豆腐干，翻炒片刻；加盐、鸡粉，炒匀；倒入红椒丝，炒匀；倒入水淀粉，炒至食材熟透、入味即成。

虫草花炒茭白

烹饪时间·3分钟　口味·鲜

原料准备

茭白……………120克
肉末……………55克
虫草花…………30克
彩椒……………35克
姜片……………少许

调料

盐………………2克
白糖……………3克
鸡粉……………3克
料酒……………7毫升
水淀粉…………适量
食用油…………适量

制作方法

1 将洗净、去皮的茭白切成粗丝；洗净的彩椒切成粗丝。

2 锅中注水烧开，倒入虫草花、茭白丝、彩椒丝，加入少许料酒、食用油，煮至断生，捞出。

3 肉末下油锅炒匀；撒上姜片炒香，淋入料酒，炒匀。

4 倒入焯过水的材料，炒至熟软，转小火，加入盐、白糖、鸡粉、水淀粉，用中火翻炒至食材入味即成。

炒·功·秘·诀

虫草花可用温水泡一会儿再洗，这样更容易去除杂质，做出来的菜口感更好。

核桃仁芹菜炒豆腐干

烹饪时间：2分钟　　口味：清淡

原料准备 🥜

豆腐干·············· 120克
胡萝卜··············70克
核桃仁··············35克
芹菜段··············60克

调料 🌶

盐························2克
鸡粉····················2克
水淀粉·················适量

制作方法 🍲

1 将洗净的豆腐干切细条形。

2 将洗净的胡萝卜切粗丝。

3 热锅注油，烧至三四成热，倒入核桃仁，拌匀炸香，捞出沥干。

4 用油起锅，倒入芹菜段、胡萝卜丝、豆腐干，炒匀。

5 加入少许盐、鸡粉，用大火炒匀调味；倒入适量水淀粉，用中火翻炒至食材入味。

6 倒入炸好的核桃仁，炒匀。

7 盛出炒好的菜肴，装入盘中即可。

🍳 **炒·功·秘·诀**

核桃仁不宜炸太久，以免降低其营养价值。

茭白炒荷兰豆

烹饪时间：3分钟　口味：清淡

原料准备

茭白	120克
水发木耳	45克
彩椒	50克
荷兰豆	80克
蒜末、姜片	各少许
葱段	适量

调料

盐、鸡粉	各2克
蚝油	5克
水淀粉	适量

制作方法

1 将洗净的荷兰豆切成段；去皮、洗净的茭白切成片；洗净的彩椒切成小块；发好的木耳切成小块。

2 锅中注入适量清水烧开，加入适量盐、食用油，放入茭白、木耳、彩椒、荷兰豆，焯煮至断生，捞出沥干。

3 用油起锅，放入蒜末、姜片、葱段，爆香；倒入焯好的食材，炒熟。

4 放入盐、鸡粉，加入蚝油，炒匀调味；淋入些水淀粉，翻炒均匀即可。

香菇炒冬笋

烹饪时间：2分钟　口味：鲜

原料准备

鲜香菇……………60克

竹笋………………120克

红椒………………10克

姜片………………少许

蒜末、葱花……各适量

调料

盐、鸡粉…………各3克

料酒………………适量

水淀粉……………适量

生抽………………适量

老抽………………适量

食用油……………适量

制作方法

1　将洗净的香菇、红椒切成小块；洗净的竹笋切成片。

2　锅中注水烧开，放入少许盐、鸡粉、食用油，倒入竹笋、香菇，煮至八成熟后捞出。

3　用油起锅，放入姜片、蒜末、红椒，爆香；倒入竹笋、香菇，炒熟；淋入料酒、生抽、老抽，拌炒匀。

4　加盐、鸡粉、水淀粉勾芡，最后撒上葱花即可。

> **炒·功·秘·诀**
>
> 特别大的香菇多是用激素催肥的，不宜食用，否则会对健康造成不良影响。

红椒西红柿炒花菜

烹饪时间：2分钟　　口味：清淡

原料准备 🌽

花菜·················· 250克
西红柿············· 120克
红椒·················· 10克

调料 🥄

盐····················· 2克
鸡粉················· 2克
白糖················· 4克
水淀粉············· 6毫升

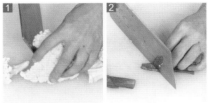

制作方法 🍚

1 将洗净的花菜切小朵；洗净的西红柿切小瓣。

2 将洗净的红椒去籽，切成片。

3 锅中注入适量清水烧开，倒入花菜，淋入少许食用油，拌匀，焯煮至断生。

4 放入红椒，拌匀，略煮一会儿，捞出焯煮好的材料，沥干水分。

5 用油起锅，倒入焯过水的材料，放入西红柿，用大火快炒。

6 加入盐、鸡粉、白糖、水淀粉，炒匀，至食材入味即成。

🍳 **炒·功·秘·诀**

花菜焯煮至变色的时候，就可以捞出。

芥蓝炒冬瓜

烹饪时间：1分30秒　　口味：清淡

原料准备

芥蓝·················80克

冬瓜················100克

胡萝卜··············40克

木耳················35克

姜片···············适量

蒜末、葱段······各少许

调料

盐·················4克

鸡粉···············2克

料酒···············4毫升

水淀粉··············少许

食用油··············适量

制作方法

1 将洗净、去皮的胡萝卜、冬瓜切成片；洗净的木耳切成片；芥蓝洗净，切成段。

2 锅中注水烧开，放入适量食用油、盐，放入胡萝卜、木耳、芥蓝、冬瓜，焯煮至断生后捞出。

3 用油起锅，放入姜片、蒜末、葱段，爆香；倒入焯好的食材，翻炒熟。

4 放入适量盐、鸡粉，淋入料酒，炒匀；倒入适量水淀粉，快速翻炒均匀即可。

原料准备

魔芋·················300克
胡萝卜···············40克
葱花、蒜末······各少许

调料

盐·····················2克
鸡粉···················2克
生抽···················4毫升
水淀粉···············适量
食用油···············适量

制作方法

1 将洗净的胡萝卜切成菱形片；洗净的魔芋切成小方块。

2 锅中注入适量清水烧开，加入少许盐，倒入胡萝卜、魔芋，焯煮至食材断生后捞出。

3 炒锅注油烧热，放入蒜末，爆香；倒入焯过水的食材，快速翻炒均匀。

4 转小火，加入盐、鸡粉、生抽，炒匀调味；加入适量水淀粉，翻炒至食材入味；盛出，撒上葱花即可。

炒魔芋

烹饪时间：2分钟 口味：清淡

大头菜小炒豆腐干

烹饪时间：4分钟　　口味：清淡

原料准备

豆腐干……………170克
青豆…………………65克
大头菜……………120克
彩椒…………………25克

调料

盐、鸡粉…………各2克
生抽………………3毫升
水淀粉………………适量
食用油………………适量

制作方法

1　将洗净的豆腐干切成细条；洗净的大头菜切细丝；洗净的彩椒切粗丝。

2　锅中注入适量清水烧开，倒入洗净的青豆，煮约1分钟。

3　倒入切好的大头菜，再煮约1分钟，去除多余的盐分。

4　倒入豆腐干，略煮一会儿，捞出焯煮好的材料沥干。

5　用油起锅，放入彩椒丝，炒匀；倒入焯过水的材料，炒匀。

6　转小火，加入少许盐、鸡粉，淋入适量生抽，炒匀调味。

7　倒入适量水淀粉，炒匀勾芡，盛出即可。

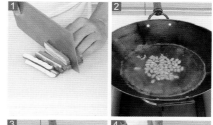

炒·功·秘·诀

焯煮食材时可加入少许食用油，这样菜肴的味道会更好。

胡萝卜丝炒豆芽

烹饪时间：3分钟　口味：清淡

原料准备 🥜

胡萝卜……………80克
黄豆芽……………70克
蒜末………………少许

调料 🥄

盐……………………2克
鸡粉…………………2克
水淀粉……………适量
食用油……………适量

制作方法 🍳

1 将洗净、去皮的胡萝卜切成丝。

2 锅中注水烧开，加入适量食用油，倒入胡萝卜，焯煮半分钟；倒入黄豆芽，继续煮半分钟，捞出沥干。

3 锅中注油烧热，倒入蒜末，爆香；倒入焯好的胡萝卜和黄豆芽，拌炒片刻。

4 加入鸡粉、盐，翻炒匀，再倒入水淀粉，炒匀即成。

甜椒炒绿豆芽

烹饪时间：2分钟　口味：清淡

原料准备

甜椒……………………70克
绿豆芽…………………65克

调料

盐………………………少许
鸡粉……………………少许
水淀粉…………………2毫升
食用油…………………适量

制作方法

1 将洗净的甜椒切成丝。

2 锅中倒入适量食用油，下入切好的甜椒。

3 放入洗净的绿豆芽，翻炒至食材熟软。

4 加入盐、鸡粉，炒匀调味；倒入适量水淀粉，快速拌炒均匀，至食材完全入味即可。

炒·功·秘·诀

炒制绿豆芽宜用大火快炒，这样炒出来的绿豆芽外形饱满，口感鲜嫩。

炒黄花菜

烹饪时间：2分钟　　口味：清淡

原料准备 🌰

水发黄花菜⋯⋯ 200克
彩椒⋯⋯⋯⋯⋯⋯70克
蒜末、葱段⋯⋯各适量

调料 🥄

盐⋯⋯⋯⋯⋯⋯⋯3克
鸡粉⋯⋯⋯⋯⋯⋯2克
料酒⋯⋯⋯⋯⋯8毫升
水淀粉⋯⋯⋯⋯4毫升
食用油⋯⋯⋯⋯适量

制作方法 🍽

1 将洗净的彩椒切成条；黄花菜切去花蒂。

2 锅中注入适量清水烧开，放入黄花菜，加入盐，拌匀煮沸，捞出沥干。

3 用油起锅，放入蒜末、彩椒，略炒片刻。

4 倒入黄花菜，炒匀；淋入料酒，炒香。

5 放盐、鸡粉，炒匀调味；倒入葱段，翻炒均匀。

6 淋入适量水淀粉，快速炒匀，至锅中食材入味。

7 盛出炒好的菜肴，装入盘中即可。

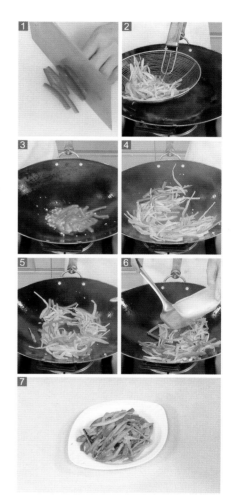

🍳 **炒·功·秘·诀**

黄花菜中含有秋水仙素，一定要焯水，高温将其去除，避免中毒。

玉竹炒藕片

烹饪时间：2分钟　　口味：清淡

原料准备

莲藕···············270克
胡萝卜············80克
玉竹···············10克
姜丝、葱丝······各少许

调料

盐·················2克
鸡粉··············2克
水淀粉·············适量
食用油·············适量

制作方法

1 将洗净的玉竹、胡萝卜切细丝；洗净、去皮的莲藕切薄片。

2 锅中注水烧开，倒入藕片，焯煮至断生，捞出沥干。

3 用油起锅，倒入姜丝、葱丝，爆香；放入玉竹，炒匀；倒入胡萝卜，炒匀炒透。

4 放入焯过水的藕片，用大火炒匀；加入盐、鸡粉，倒入水淀粉，炒匀调味即可。

白玉菇炒藕片

烹饪时间：3分钟　口味：鲜

原料准备

白玉菇…………… 100克
莲藕………………90克
彩椒………………80克
姜片………………适量
蒜末、葱段……各少许

调料

盐…………………3克
鸡粉………………2克
料酒………………适量
生抽………………适量
白醋………………适量
水淀粉……………适量
食用油……………适量

制作方法

1 将洗净的白玉菇切成段；彩椒切小块；莲藕切成片。

2 锅中注水烧开，放入食用油、盐、白玉菇、彩椒，焯煮至断生后捞出；放入白醋、藕片，焯煮至断生后捞出。

3 用油起锅，放入姜片、蒜末、葱段，爆香；倒入白玉菇、彩椒、莲藕，炒匀，加入料酒、生抽，炒匀。

4 加盐、鸡粉，炒匀；倒入水淀粉，快速炒匀即可。

炒·功·秘·诀

莲藕事先焯煮片刻，这样可以节省烹煮时间。

圆椒炒芋头片

烹饪时间：4分钟　　口味：清淡

原料准备

圆椒··············50克
芋头·············400克
彩椒··············10克

调料

盐··················2克
白糖················2克
鸡粉················3克
香油··············少许
食用油············适量

制作方法

1 将洗净、去皮的芋头切片；洗净的圆椒去籽后切块；洗净的彩椒切块。

2 锅中注入适量清水烧开，倒入芋头，焯煮至断生，捞出沥干。

3 用油起锅，放入圆椒、彩椒，炒匀。

4 倒入芋头，炒匀；注入适量清水，拌匀。

5 加入盐、鸡粉，翻炒约1分钟使其入味。

6 放入白糖、香油，翻炒片刻至锅中全部食材熟透。

7 盛出炒好的菜肴，装入盘中即可。

炒·功·秘·诀

芋头事先焯煮片刻，这样可以节省烹煮时间。

木耳炒双丝

烹饪时间：2分钟　　口味：清淡

原料准备 🌿

木耳·················50克

胡萝卜···············90克

葱丝·················15克

姜丝、蒜末······各少许

调料 🥄

盐··················3克

鸡粉·················2克

料酒···············2毫升

水淀粉···············适量

生抽·················适量

食用油···············适量

制作方法 🍲

1 将洗净去皮的胡萝卜切成丝；洗净的木耳切成丝。

2 锅中注水烧开，加少许盐、食用油，放入胡萝卜、木耳，焯煮1分钟至断生后捞出。

3 用油起锅，放入姜丝、蒜末，爆香；倒入胡萝卜、木耳，翻炒均匀；淋入料酒，拌炒香。

4 加入盐、鸡粉，拌炒匀；淋入少许生抽，炒匀调味；倒入水淀粉勾芡，最后放入葱丝，炒出葱香味即可。

原料准备

芥蓝············130克
鲜香菇·········55克
腰果············50克
红椒、姜片、蒜
末、葱段···各少许

调料

盐、鸡粉、白糖、
料酒、水淀粉、食
用油·········各适量

制作方法

1 将洗净的香菇切粗丝；洗净的红椒切成圈；
   洗净的芥蓝切成小段。

2 锅中注水烧开，放入少许食用油、盐，再放
   入芥蓝段、香菇丝，焯煮至断生后捞出；热
   锅注油，烧至三成热，放入腰果，轻轻搅拌
   几下，炸约1分钟后捞出。

3 用油起锅，放入姜片、蒜末、葱段，爆香；倒
   入焯煮过的食材，炒匀；淋入料酒，炒香。

4 加入盐、鸡粉、白糖，炒至糖分溶化；放入
   红椒圈，炒至全部食材熟透；倒入水淀粉勾
   芡，倒入腰果，炒匀即可。

烹饪时间：2分钟　口味：清淡

芥蓝腰果炒香菇

莲藕炒秋葵

烹饪时间：4分钟　　口味：清淡

原料准备

莲藕·····················250克
胡萝卜·················150克
秋葵······················50克
红椒······················10克

调料

盐···························2克
鸡粉························1克

制作方法

1 将洗净、去皮的胡萝卜切成片；将洗净、去皮的莲藕切成片。

2 将洗净的红椒切片；洗净的秋葵斜刀切片。

3 锅中注水烧开，加入油、盐，倒入切好的胡萝卜、莲藕、红椒、秋葵，拌匀。

4 焯煮约2分钟至食材断生，捞出沥干。

5 用油起锅，倒入焯好的食材，翻炒熟。

6 加入盐、鸡粉，炒匀入味。

7 盛出炒好的菜肴，装入盘中即可。

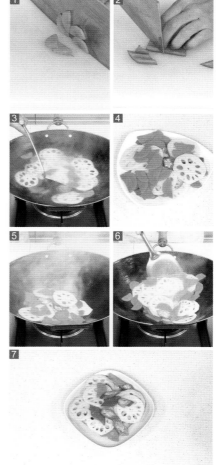

炒·功·秘·诀

秋葵易熟，焯煮的时候可以最后再放入。

蒜苗炒莴笋

烹饪时间：2分钟　口味：清淡

原料准备

蒜苗……………………50克
莴笋……………………180克
彩椒……………………50克

调料

盐………………………3克
鸡粉……………………2克
生抽……………………适量
水淀粉…………………适量
食用油…………………适量

制作方法

1　将洗净的蒜苗切成段；洗净的彩椒切成丝；洗净、去皮的莴笋切成丝。

2　锅中注水烧开，放入适量食用油、盐，倒入莴笋丝，焯煮约半分钟至断生后捞出。

3　用油起锅，放入蒜苗，炒香；倒入莴笋丝，翻炒匀；放入彩椒，炒熟。

4　加入适量盐、鸡粉、生抽，炒匀调味；倒入适量水淀粉，快速翻炒均匀即可。

胡萝卜炒杏鲍菇

烹饪时间：2分钟　口味：清淡

原料准备

胡萝卜·················100克
杏鲍菇·················90克
姜片、蒜末·······各少许
葱段·····················适量

调料

盐·························3克
鸡粉·····················少许
蚝油·····················4克
料酒·····················3毫升
食用油·················适量
水淀粉·················适量

制作方法

1 将洗净的杏鲍菇切成片；洗净、去皮的胡萝卜切成片。

2 锅中注水烧开，放入少许食用油、盐，倒入胡萝卜片、杏鲍菇，焯煮至断生后捞出。

3 用油起锅，放入姜片、蒜末、葱段，爆香；倒入焯煮好的食材，翻炒匀；淋入少许料酒，炒香、炒透。

4 转小火，加盐、鸡粉、蚝油、水淀粉炒匀勾芡即成。

▲ 炒·功·秘·诀

胡萝卜不可切得过厚，否则不易炒熟，而且口感也很生硬。

西芹藕丁炒姬松茸

烹饪时间：2分钟　　口味：清淡

原料准备 🥄

莲藕·············· 120克

鲜百合··········· 30克

水发姬松茸········· 50克

西芹·············· 100克

彩椒·············· 20克

姜片、蒜末······ 各少许

葱段·············· 适量

调料 🥄

盐················ 4克

鸡粉·············· 2克

生抽·············· 3毫升

料酒·············· 4毫升

水淀粉············ 4毫升

食用油············ 适量

制作方法 🍲

1 将洗净、去皮的西芹切段；洗净的彩椒切块，备用。

2 将洗净的姬松茸切段；去皮的莲藕切丁。

3 锅中注水烧开，加入适量食用油、盐，倒入藕丁、姬松茸，煮片刻，余去杂质。

4 锅中倒入西芹、百合，焯煮至断生，捞出沥干。

5 用油起锅，倒入姜片、蒜末、葱段，炒匀；放入焯过水的食材，炒熟；淋入料酒炒匀。

6 加入少许鸡粉、盐、生抽，炒匀调味；倒入适量水淀粉，翻炒入味即可。

🍳 炒·功·秘·诀

泡制姬松茸时，要将其完全泡发开，这样有利于营养成分析出。

青椒炒茄子

烹饪时间：2分钟　　口味：鲜

原料准备

青椒……………………50克

茄子…………………… 150克

姜片、蒜末……各适量

葱段…………………… 少许

调料

盐、鸡粉…………各2克

生抽…………………… 适量

水淀粉………………… 适量

食用油………………… 适量

制作方法

1　将洗净、去皮的茄子切成片；洗净的青椒切块。

2　锅中注水烧开，加入少许食用油，放入茄子、青椒，焯煮片刻至断生后捞出。

3　用油起锅，放入姜片、蒜末、葱段，爆香；倒入青椒和茄子，炒熟。

4　加入鸡粉、盐、生抽、水淀粉，快速拌炒均匀即成。

青椒炒莴笋

烹饪时间：2分钟　口味：辣

原料准备

青椒	50克
莴笋	160克
红椒	30克
姜片	适量
蒜末、葱末	各少许

调料

盐、鸡粉	各2克
水淀粉	适量
食用油	适量

制作方法

1 将洗净、去皮的莴笋切成细丝；洗净的青椒、红椒切成丝。

2 用油起锅，放入姜片、蒜末、葱末，爆香；倒入莴笋丝，快速翻炒一会儿，至食材变软。

3 加入盐、鸡粉，炒匀；放入青椒、红椒，翻炒匀。

4 倒入适量水淀粉，炒匀，至食材熟透、入味即成。

炒·功·秘·诀

食材要切得均匀，这样炒出的菜口感才会更好。

胡萝卜丝炒包菜

烹饪时间：3分钟　　口味：清淡

原料准备

胡萝卜·············· 150克
包菜·············· 200克
圆椒·············· 35克

调料

盐·············· 2克
鸡粉·············· 2克
食用油·············· 适量

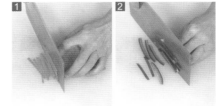

制作方法

1 将洗净、去皮的胡萝卜切成丝。

2 将洗净的圆椒切成细丝。

3 将洗净的包菜切去根部，再切成粗丝。

4 锅中注入少许食用油烧热，倒入切好的胡萝卜，翻炒均匀。

5 放入包菜、圆椒，炒匀，注入少许清水，炒至食材断生。

6 加入少许盐、鸡粉，炒匀调味。

7 盛出炒好的菜肴，装入盘中即可。

炒·功·秘·诀

包菜、胡萝卜可先焯一下水，这样更易炒熟。

苦瓜炒马蹄

烹饪时间：2分钟　口味：清淡

原料准备 🥒

苦瓜……………… 120克

马蹄肉…………… 100克

蒜末、葱花… 各少许

调料 🥢

盐………………… 3克

鸡粉……………… 2克

白糖……………… 3克

水淀粉…………… 少许

食用油…………… 适量

制作方法 🍳

1 将洗净的马蹄肉切成薄片；洗净的苦瓜切成片，放入碗中，加入少许盐，搅拌至其肉质变软，腌渍入味。

2 锅中注水烧开，倒入苦瓜，焯煮约1分钟至断生，捞出沥干。

3 用油起锅，下入蒜末，爆香；放入马蹄肉、苦瓜，炒至食材断生。

4 加入盐、鸡粉，撒上少许白糖，炒匀调味；再淋上适量水淀粉，翻炒几下至食材入味；撒上葱花，翻炒至断生即成。

松仁炒丝瓜

烹饪时间：2分钟　口味：清淡

原料准备

胡萝卜……………50克

丝瓜………………90克

松仁………………12克

姜末、蒜末……各少许

调料

盐…………………2克

鸡粉………………适量

水淀粉……………适量

食用油……………适量

制作方法

1　将洗净、去皮的丝瓜切成小块；洗净的胡萝卜切片。

2　锅中注水烧开，放胡萝卜、丝瓜，焯水后捞出。

3　用油起锅，倒入姜末、蒜末，爆香；倒入胡萝卜和丝瓜，拌炒一会儿。

4　加入盐、鸡粉，快速炒匀至全部食材入味，再倒入水淀粉，快速翻炒匀；盛入盘中，撒上松仁即可。

炒·功·秘·诀

烹饪丝瓜时，油要少用，可勾薄芡，以保留其香嫩爽口的特点。

西红柿炒山药

烹饪时间：4分钟　　口味：清淡

原料准备

山药	200克
西红柿	150克
大葱	10克
大蒜	5克
葱段	5克

调料

盐	2克
白糖	2克
鸡粉	3克
水淀粉	适量
食用油	适量

制作方法

1 将洗净、去皮的山药切成块；洗净的西红柿切成小瓣。

2 将处理好的大蒜切片；洗净的大葱切段。

3 锅中注入适量清水烧开，加入盐、食用油，倒入山药，焯煮片刻至断生后捞出。

4 用油起锅，倒入大蒜、大葱爆香；加入西红柿炒匀，再放入山药，炒匀。

5 加入盐、白糖、鸡粉，炒匀；加入适量水淀粉，炒匀。

6 加入葱段，翻炒至熟即可。

炒·功·秘·诀

切好的山药要放入水中浸泡，否则容易氧化变黑。

西红柿炒口蘑

烹饪时间：2分钟　　口味：鲜

原料准备

西红柿…………… 120克

口蘑…………………90克

姜片、蒜末……各适量

葱段…………………少许

调料

盐……………………4克

鸡粉…………………2克

水淀粉………………少许

食用油………………适量

制作方法

1 将洗净的口蘑切成片；洗净的西红柿去蒂，切成小块。

2 锅中注水烧开，放入盐，倒入口蘑，焯煮至熟后捞出。

3 用油起锅，放入姜片、蒜末，爆香；倒入口蘑，拌炒匀，加入西红柿，炒熟。

4 放入适量盐、鸡粉，炒匀调味；倒入水淀粉，炒匀勾芡，盛出，放上葱段即可。

西瓜翠衣炒青豆

烹饪时间：3分钟　口味：清淡

原料准备 🍃

西瓜皮…………200克
彩椒……………45克
青豆……………200克
蒜末、葱段……各少许

调料 🥄

盐………………3克
鸡粉……………2克
食用油…………适量

制作方法 🍳

1 将去除硬皮的西瓜皮切成丁；洗净的彩椒切成丁。

2 锅中注水烧开，放入少许盐、食用油，倒入青豆，焯煮1分30秒至断生。

3 加入西瓜皮、彩椒，焯煮至断生，把全部食材捞出。

4 用油起锅，放入蒜末，爆香；倒入青豆、西瓜皮、彩椒，炒匀；加入盐、鸡粉、葱段，略炒片刻即可。

🔥炒·功·秘·诀 〈

西瓜皮焯水的时间不能太长，否则容易造成营养流失，口感也不好。

茯苓炒三丝

烹饪时间：2分钟　　口味：清淡

原料准备 🐚

金针菇………… 150克

胡萝卜………… 100克

茯苓……………30克

香菇………………20克

姜片、葱段……各少许

调料 🍶

盐…………………2克

鸡粉………………2克

料酒……………4毫升

水淀粉…………4毫升

食用油……………少许

制作方法 🍳

1 将洗净的金针菇切去根部。

2 将洗净的香菇切丝；洗净、去皮的胡萝卜切成丝。

3 锅中注水烧开，倒入茯苓，加少许盐，放入香菇丝、胡萝卜丝，焯煮至其断生后捞出。

4 热锅注油，倒入姜片、葱段，爆香。

5 放入金针菇，倒入焯过水的茯苓、香菇、胡萝卜，炒熟。

6 加入少许盐、鸡粉，炒匀调味；淋入少许水淀粉勾芡，盛出即可。

🍳 炒·功·秘·诀

金针菇不可炒太久，以免炒烂而影响口感。

枸杞芹菜炒香菇

烹饪时间：2分钟　口味：鲜

原料准备

芹菜·············120克
鲜香菇···········100克
枸杞··············20克

调料

盐···················2克
鸡粉·················2克
水淀粉·············适量
食用油·············适量

制作方法

1 将洗净的鲜香菇切成片；洗净的芹菜切成段。

2 用油起锅，倒入香菇，炒出香味；放入备好的芹菜，翻炒均匀。

3 注入少许清水，炒至食材变软，撒上枸杞，翻炒片刻。

4 加入少许盐、鸡粉、水淀粉，炒匀调味即可。

香菇豌豆炒笋丁

烹饪时间：2分钟　口味：鲜

原料准备 🌰

水发香菇	65克
竹笋	85克
胡萝卜	70克
彩椒	15克
豌豆	50克

调料 🥄

盐	2克
鸡粉	2克
料酒	适量
食用油	适量

制作方法 🍳

1 将洗净的竹笋切成丁；洗净、去皮的胡萝卜切成丁。

2 将洗净的彩椒切成小块；洗净的香菇切成小块。

3 锅中注水烧开，放入竹笋，加入料酒、食用油，放入香菇、豌豆、胡萝卜、彩椒，焯煮至断生后捞出。

4 用油起锅，倒入焯过水的食材，炒熟；加入适量盐、鸡粉，炒匀调味即可。

🍲 炒·功·秘·诀

食用竹笋前要先焯水，将其所含的草酸去除。

橄榄油蒜香蟹味菇

烹饪时间：1分30秒　　口味：清淡

原料准备 🍃

蟹味菇…………200克
彩椒……………40克
蒜末……………少许

调料 🥄

盐………………3克
橄榄油…………5毫升
食用油…………适量
黑胡椒粒………少许

制作方法 🍲

1 将洗净的彩椒切丝。

2 锅中注入适量清水烧开，加入少许盐、食用油。

3 放入洗净的蟹味菇，倒入彩椒丝，焯煮至熟软，捞出沥干。

4 将焯熟的食材装入碗中，加入少许盐，撒上蒜末。

5 倒入适量橄榄油，快速搅拌均匀，至食材入味。

6 用盘子盛入拌好的食材，再撒上黑胡椒粒即成。

炒·功·秘·诀

焯煮食材时可以加入少许料酒，这样能提升蟹味菇的鲜味。

慈菇炒芹菜

烹饪时间：2分钟　　口味：清淡

原料准备 🥜

慈菇·················100克
芹菜·················100克
彩椒·················50克
蒜末、葱段······各适量

调料 🥄

盐·······················1克
鸡粉·····················4克
水淀粉···············4毫升
食用油···············适量

制作方法 🍲

1 将洗净的慈菇切片；洗净的芹菜切段；洗净的彩椒切成小块。

2 锅中注水烧开，放入适量盐、鸡粉，倒入彩椒、慈菇，焯煮1分钟，捞出沥干。

3 用油起锅，倒入蒜末、葱段，爆香；放入芹菜段，加入切好的彩椒、慈菇，翻炒均匀。

4 加入盐、鸡粉、水淀粉，快速翻炒均匀即可。

原料准备 🥜

口蘑……………………65克

胡萝卜…………………65克

豌豆……………………120克

彩椒……………………25克

调料 🥄

盐………………………2克

鸡粉……………………2克

水淀粉…………………少许

食用油…………………适量

制作方法 🍲

1 将洗净、去皮的胡萝卜切成小丁块；洗净的口蘑切成薄片；洗净的彩椒切成小丁块。

2 锅中注水烧开，倒入口蘑、豌豆、胡萝卜、彩椒，焯煮至断生，捞出沥干。

3 用油起锅，倒入焯过水的材料，炒熟。

4 加入适量盐、鸡粉，淋入少许水淀粉，快速翻炒均匀即可。

烹饪时间：2分钟　口味：清淡

豌豆炒口蘑

豌豆炒玉米

烹饪时间：2分钟　　口味：清淡

原料准备

鲜玉米粒·········· 200克
胡萝卜··············· 70克
豌豆··············· 180克
姜片、蒜末······各少许
葱段···············适量

调料

盐·······················3克
鸡粉·····················2克
料酒···················4毫升
水淀粉················少许
食用油················适量

制作方法

1　将洗净、去皮的胡萝卜切成粒。

2　锅中注水烧开，加入少许盐、食用油，放入胡萝卜粒、豌豆、玉米粒，焯煮至断生，捞出沥干。

3　用油起锅，放入姜片、蒜末、葱段，用大火爆香。

4　倒入焯煮好的食材，翻炒匀。

5　淋入少许料酒，炒香、炒透。

6　加入鸡粉、盐，翻炒至食材入味；倒入少许水淀粉勾芡即成。

⌂ 炒·功·秘·诀

豌豆放入沸水锅中后，可盖上盖，这样能缩短焯煮的时间。

柏子仁核桃炒豆角

烹饪时间：2分钟　　口味：清淡

原料准备

豆角……………… 300克

核桃仁……………30克

彩椒………………10克

柏子仁……………少许

姜片、葱段……各适量

调料

盐…………………2克

鸡粉………………2克

水淀粉……………少许

食用油……………适量

制作方法

1 将洗净的彩椒切条形；洗净的豆角切成长段。

2 锅中注水烧开，放入豆角，焯煮至豆角呈深绿色；放入彩椒，煮至断生；捞出焯煮好的食材，沥干。

3 用油起锅，倒入姜片、葱段，爆香；放入备好的柏子仁，炒匀；倒入焯过水的食材，炒熟。

4 放入核桃仁，炒匀；加入盐、鸡粉、水淀粉，翻炒匀，至食材入味即可。

豆腐皮枸杞炒包菜

烹饪时间：3分钟　口味：清淡

原料准备

包菜………………200克
豆腐皮……………120克
水发香菇…………30克
枸杞………………少许

调料

盐…………………2克
鸡粉………………2克
白糖………………3克
食用油……………适量

制作方法

1 将洗净的香菇切丝；洗净的豆腐皮切片；洗净的包菜切成小块。

2 锅中注水烧开，倒入豆腐皮，略煮一会儿，捞出沥干。

3 用油起锅，倒入香菇，炒香；放入包菜，炒至变软；倒入豆腐皮，撒上枸杞，炒匀炒透。

4 加入盐、白糖、鸡粉，翻炒均匀至食材入味即可。

炒·功·秘·诀

包菜炒至八九成熟即可出锅，以免营养流失。

诱人畜肉

畜肉营养丰富，是我们餐桌上必不可少的食物。本章就为你介绍诱人的畜肉小炒，帮你的餐桌上添几道好吃的硬菜。这一类小炒虽然是荤菜类，但是并不需要很长的烹饪时间，只要按照菜谱的步骤来操作，你一定能得心应手，每餐都能让家人大饱口福。

白菜粉丝炒五花肉

烹饪时间：3分钟　　口味：鲜

原料准备

白菜·················160克

五花肉···············150克

水发粉丝············240克

蒜末、葱段·······各少许

调料

盐·····················2克

鸡粉··················2克

生抽··················5毫升

老抽··················2毫升

料酒··················3毫升

胡椒粉···············少许

食用油···············适量

制作方法

1　将洗净的粉丝切成段；洗净的白菜去除根部后切成段；洗净的五花肉切片。

2　用油起锅，倒入五花肉，炒至变色；加入老抽，炒匀上色；放入蒜末、葱段，炒香。

3　倒入白菜，炒至变软；放入粉丝，炒匀。

4　加入盐、鸡粉、生抽、料酒、胡椒粉，炒匀调味即可。

草菇花菜炒肉丝

烹饪时间：2分钟　口味：鲜

原料准备

草菇……………………70克

彩椒……………………20克

花菜……………………180克

猪瘦肉…………………240克

姜片……………………适量

蒜末、葱段………各少许

调料

盐………………………3克

生抽……………………4毫升

料酒、蚝油、水淀粉、

食用油……………各适量

制作方法

1 将洗净的草菇对半切开；洗净的彩椒切粗丝；洗净的花菜切小朵；洗净的猪瘦肉切丝装碗，加料酒、盐、水淀粉、食用油，腌渍入味。

2 锅中注水烧开，倒入草菇、花菜、彩椒，焯水。

3 用油起锅，倒入肉丝，炒匀；放入姜、蒜、葱炒香。

4 倒入焯过水的食材，炒匀炒透；加入盐、生抽、料酒、蚝油、水淀粉，炒至食材入味即可。

炒·功·秘·诀

彩椒焯水时间不可太久，否则会影响其口感。

腊肉炒葱椒

烹饪时间：2分钟　　口味：鲜

原料准备

腊肉	220克
洋葱	35克
青椒	20克
红椒	25克

调料

盐	少许
鸡粉	2克
生抽	2毫升
料酒	4毫升
食用油	适量

制作方法

1 将洗净的腊肉切成薄片；洗净的洋葱切成小块，备用。

2 洗净的红椒、青椒去籽，切成片。

3 锅中注入适量清水烧开，倒入肉片，余去多余盐分，捞出沥干。

4 用油起锅，倒入余过水的腊肉片，炒匀，翻炒出香味。

5 放入洋葱块，倒入青椒片、红椒片，炒至食材变软。

6 淋入适量料酒，炒匀；加少许生抽、盐、鸡粉，用大火快炒至食材熟透即可。

炒·功·秘·诀

腊肉焯水的时间可长一些，能减轻菜肴的咸味。

原料准备

蒜薹…………300克
猪瘦肉………200克
彩椒…………50克
水发木耳……40克

调料

盐………………3克
鸡粉……………2克
生抽…………6毫升
水淀粉………少许
食用油………适量

烹饪时间：1分30秒　口味：鲜

蒜薹木耳炒肉丝

制作方法

1 将洗净的木耳切小块；洗净的彩椒切粗丝；洗净的蒜薹切成段。

2 将洗净的猪瘦肉切成丝，装入碗中，放入少许盐、鸡粉、水淀粉、食用油，腌渍至其入味。

3 锅中注水烧开，放入少许食用油、盐；倒入蒜薹、木耳块、彩椒丝，焯煮至断生后捞出。

4 用油起锅，倒入肉丝，炒至松散；淋入少许生抽，炒匀提味；倒入焯煮过的材料，用中火炒至熟软；转小火，加入少许鸡粉、盐、水淀粉，快速炒匀即成。

原料准备 🥜

猪肉·············· 240克
西芹··············90克
彩椒··············20克
胡萝卜片··········少许

调料 🥫

盐················3克
鸡粉··············2克
水淀粉··········9毫升
料酒··········3毫升
食用油··········适量

制作方法 🍚

1 将洗净的胡萝卜片切条形；洗净的彩椒切成丝；洗净、去皮的西芹切成粗条。

2 洗净的猪肉切成丝，装入碗中，加入盐、料酒、水淀粉、食用油，腌渍至其入味。

3 锅中注水烧开，加入适量食用油、盐，倒入胡萝卜、西芹、彩椒，焯煮至断生后捞出。

4 用油起锅，倒入肉丝，翻炒片刻至其变色；倒入焯过水的食材，炒匀；加入适量盐、鸡粉、水淀粉，炒匀调味即可。

烹饪时间：2分钟　口味：鲜

西芹炒肉丝

干煸芹菜肉丝

烹饪时间：2分30秒　　口味：辣

原料准备 🥬

猪里脊肉	220克
芹菜	50克
干辣椒	8克
青椒	20克
红小米椒	10克
葱段	适量
姜片、蒜末	各少许

调料 🥫

豆瓣酱	12克
鸡粉	少许
胡椒粉	少许
生抽	5毫升
花椒油	适量
食用油	适量

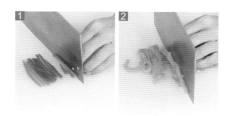

制作方法 🍳

1 将洗净的青椒、红小米椒切成丝；洗净的芹菜切成段。

2 将洗净的猪里脊肉切细丝。

3 热锅注入少许食用油烧热，倒入肉丝，煸干水汽，盛出沥干。

4 用油起锅，放入干辣椒，炸出香味。

5 盛出干辣椒，倒入葱段、姜片、蒜末，爆香；加入豆瓣酱、肉丝、料酒、红小米椒，炒香。

6 倒入芹菜段、青椒丝，翻炒至其断生；转小火，加入生抽、鸡粉、胡椒粉、花椒油，炒至食材入味即成。

🍲 炒·功·秘·诀

煸炒肉丝时，要用小火快炒，这样能避免将肉煸老了而影响口感。

莴笋炒回锅肉

烹饪时间：2分钟　　口味：鲜

原料准备 🥘

莴笋·················180克

红椒·················10克

五花肉···············160克

姜片·················适量

蒜片、葱段······各少许

调料 🧂

白糖·················2克

鸡粉·················2克

料酒·················8毫升

豆瓣酱···············10克

食用油···············适量

制作方法 🍳

1 锅中注水烧热，放入洗净的五花肉，烧开后用中火煮约
20分钟后捞出。

2 将洗净、去皮的莴笋切成薄片；洗净的红椒去籽，切成
块；将放凉的五花肉切成薄片。

3 用油起锅，倒入五花肉，炒匀；倒入姜片、蒜片、葱
段，爆香；放入豆瓣酱、料酒、红椒，翻炒均匀。

4 放入莴笋片，翻炒均匀，至食材熟软；加入少许白糖、
鸡粉，炒匀调味即可。

原料准备 🌾

秋葵	180克
猪瘦肉	150克
红椒	30克
姜片	适量
蒜末、葱段	各少许

调料 🥫

盐	2克
鸡粉	3克
水淀粉	3克
生抽、油	各适量

制作方法 🍲

1 将洗净的红椒切成小块；洗净的秋葵切成段。

2 将洗净的猪瘦肉切成片，放入少许盐、鸡粉、水淀粉、食用油，腌渍入味。

3 锅中注水烧开，加入少许食用油，倒入秋葵，焯煮半分钟至断生后捞出。

4 用油起锅，放入姜片、蒜末、葱段，爆香；倒入肉片，炒至转色；加入秋葵、红椒，炒匀；加入生抽、盐、鸡粉，炒匀调味即可。

烹饪时间：2分钟　口味：鲜

秋葵炒肉片

芦笋炒腊肉

烹饪时间：5分钟　　口味：咸

原料准备

芦笋·····················80克
腊肉·····················100克
姜丝·····················少许

调料

盐·····················1克
鸡粉·····················1克
料酒·····················5毫升
水淀粉·····················5毫升
食用油·····················适量

制作方法

1 将洗净的芦笋对半切开，再切成小段；腊肉切成片。

2 沸水锅中倒入切好的腊肉，焯煮至去除多余盐分和油脂后捞出。

3 锅中倒入切好的芦笋，氽煮至断生，捞出沥干。

4 热锅注油，倒入姜丝，爆香；放入焯好的腊肉，翻炒均匀。

5 加入料酒，倒入氽好的芦笋，炒约1分钟。

6 加入盐、鸡粉，翻炒至入味；加入水淀粉，翻炒至收汁即可。

炒·功·秘·诀

如果芦笋外皮较厚，应事先撕去，以免影响口感。

西葫芦炒肚片

烹饪时间：3分钟　　口味：鲜

原料准备

熟猪肚……………170克
西葫芦……………260克
彩椒………………30克
姜片………………适量
蒜末、葱段………各少许

调料

盐…………………2克
白糖………………2克
鸡粉………………2克
水淀粉……………5毫升
料酒………………3毫升
食用油……………适量

制作方法

1 将洗净的西葫芦切成片；洗净的彩椒切成块；熟猪肚用斜刀切片。

2 用油起锅，倒入姜片、蒜末、葱段，爆香；倒入猪肚，炒匀。

3 淋入适量料酒，炒匀；倒入彩椒，炒香；放入西葫芦，炒至变软。

4 加入适量盐、白糖、鸡粉、水淀粉，炒匀入味即可。

竹笋西芹炒肉片

烹饪时间：2分钟　口味：鲜

原料准备

竹笋······················85克

瘦肉······················95克

西芹······················50克

彩椒······················40克

姜片······················适量

蒜末、葱段······各少许

调料

盐························适量

鸡粉······················适量

料酒······················适量

水淀粉····················适量

食用油····················适量

制作方法

1. 将洗净的西芹切段；洗净的彩椒切块；洗净的竹笋切片。
2. 将洗净的瘦肉切成片，装在碗中，加入少许盐、鸡粉、水淀粉、食用油，腌渍至入味。
3. 锅中注水烧开，倒入竹笋、彩椒、西芹，焯煮熟后捞出。
4. 用油起锅，放入姜、蒜、葱爆香；倒入肉片、料酒炒香；放入焯好的食材炒熟，加盐、鸡粉、水淀粉炒匀即成。

炒·功·秘·诀

切瘦肉的刀工要整齐，这样炒出的菜肴口感才更具风味。

肉末胡萝卜炒青豆

烹饪时间：2分钟　　口味：鲜

原料准备

肉末······················90克

青豆······················90克

胡萝卜·················100克

姜末······················适量

蒜末、葱末······各少许

调料

盐··························3克

鸡粉······················少许

生抽······················4毫升

水淀粉··················少许

食用油··················适量

制作方法

1 将洗净的胡萝卜切成粒。

2 锅中注水烧开，加入少许盐，倒入胡萝卜粒、青豆，再淋入少许食用油，焯煮至断生，捞出沥干。

3 用油起锅，倒入备好的肉末，快速翻炒至其松散。

4 待肉末的色泽变白时倒入姜末、蒜末、葱末，炒香、炒透；再淋入生抽，拌炒片刻。

5 倒入焯煮过的食材，用中火翻炒匀。

6 转小火，调入盐、鸡粉，翻炒至全部食材熟透；淋入水淀粉，用中火炒匀即成。

炒·功·秘·诀

倒入焯煮过的食材后可用大火翻炒，这样能缩短烹饪的时间，炒出来的菜口感也会更好。

原料准备

佛手瓜…………120克
猪瘦肉…………80克
红椒……………30克
姜片、蒜末…各少许
葱段……………适量

调料

盐、鸡粉、食粉、生
粉、生抽、水淀粉、
食用油………各适量

烹饪时间：3分钟 口味：鲜

佛手瓜炒肉片

制作方法

1 将洗净、去皮的佛手瓜切成片；洗净的猪瘦
   肉切片；洗净的红椒切成小块；肉片加入少
   许盐、食粉、生粉、食用油，腌渍入味。

2 锅中注油烧热，倒入肉片，炒至肉质松散、
   变色，滴上少许生抽，翻炒透后盛出。

3 用油起锅，放入姜片、蒜末、葱段，爆
   香；倒入佛手瓜，炒至变软；加盐、鸡
   粉，炒匀。

4 注入少许清水，快速翻炒片刻，至其熟
   软；再倒入肉片，炒匀；撒上红椒块，炒
   至断生，用少许水淀粉勾芡即成。

肉末炒豆角

烹饪时间：2分钟　口味：鲜

原料准备

肉末……………… 120克

豆角……………… 230克

彩椒……………… 80克

姜片、蒜末…… 各少许

葱段……………… 适量

调料

食粉……………… 2克

盐………………… 2克

鸡粉……………… 2克

蚝油……………… 5克

水淀粉…………… 5毫升

生抽、料酒…… 各适量

食用油…………… 少许

制作方法

1 将洗净的豆角切成段；洗净的彩椒切成丁。

2 锅中注水烧开，放入食粉、豆角，焯煮至断生后捞出。

3 用油起锅，放入肉末，炒松散；淋入料酒、生抽，翻炒匀；放入姜片、蒜末、葱段，炒香。

4 倒入彩椒丁、豆角，炒熟；加入少许盐、鸡粉、蚝油，炒至食材入味即可。

> **炒·功·秘·诀**
>
> 豆角焯水时间不宜过久，否则会影响成品的颜色和脆嫩的口感。

木耳黄花菜炒肉丝

烹饪时间：2分30秒　　口味：鲜

原料准备

水发木耳···········100克
水发黄花菜·······130克
猪瘦肉···········95克
彩椒···········20克

调料

盐···········2克
鸡粉···········2克
生抽···········3毫升
料酒···········5毫升
水淀粉···········少许
食用油···········适量

制作方法

1 将洗净的黄花菜切段；洗净的彩椒切成条。

2 将洗净的猪瘦肉切成细丝，放入碗中，加入少许盐、水淀粉，腌渍至其入味。

3 锅中注水烧开，放入黄花菜，用中火焯煮约2分钟。

4 倒入洗净的木耳，焯煮至断生，放入彩椒，拌匀，捞出沥干。

5 用油起锅，倒入肉丝，炒匀至其变色；淋入料酒，炒香；倒入焯过水的材料，炒透。

6 加入适量盐、鸡粉、生抽、水淀粉，翻炒均匀至食材入味即可。

炒·功·秘·诀

烹饪此菜时宜用大火快炒，这样才能锁住食材中的鲜味。

茯苓山楂炒肉丁

烹饪时间：2分钟　　口味：鲜

原料准备 ✏️

猪瘦肉············150克

山楂·············30克

茯苓·············15克

彩椒·············40克

姜片、葱段·····各少许

调料 🧂

盐··············4克

鸡粉·············4克

料酒·············4毫升

水淀粉···········8毫升

食用油··········适量

制作方法 🍽️

1 将洗净的彩椒、山楂切成小块；洗净的猪瘦肉切丝装碗，放入少许盐、鸡粉、水淀粉、食用油，腌渍10分钟。

2 锅中注水烧开，倒入茯苓、彩椒、山楂，焯水后捞出。

3 热锅注油，倒入姜片、葱段，爆香；放入肉丝，快速翻炒片刻；淋入适量料酒，炒匀提味。

4 倒入山楂、茯苓、彩椒，炒熟；加鸡粉、盐，炒匀调味；淋入少许水淀粉勾芡即可。

原料准备 🥜

丝瓜⋯⋯⋯⋯ 120克
猪心⋯⋯⋯⋯ 110克
胡萝卜片⋯⋯⋯适量
姜片⋯⋯⋯⋯各适量
蒜末、葱段⋯各少许

调料 🥄

食用油⋯⋯⋯⋯少许
盐、鸡粉、料酒、水
淀粉、蚝油⋯各适量

制作方法 🍚

1 将洗净、去皮的丝瓜切成小块。

2 将洗净的猪心切成片，放在碗中，加入少许盐、鸡粉、料酒、水淀粉，腌渍入味。

3 锅中注水烧开，倒入少许食用油，放入丝瓜，煮约半分钟，捞出；再倒入猪心，余煮约半分钟，捞出沥干。

4 用油起锅，倒入胡萝卜片、姜片、蒜末、葱段，爆香；放入丝瓜、猪心，炒匀；再放入蚝油、鸡粉、盐、水淀粉，翻炒入味即成。

烹饪时间：2分钟 口味：鲜

丝瓜炒猪心

芹菜炒猪皮

烹饪时间：2分钟　　口味：辣

原料准备

芹菜·················70克

红椒·················30克

猪皮·············· 110克

姜片、蒜末······各适量

葱段·················少许

调料

豆瓣酱·················6克

盐·······················4克

鸡粉·····················2克

白糖·····················3克

老抽、生抽······各适量

料酒、水淀粉、食用

油·····················各适量

制作方法

1　将洗净的猪皮切成粗丝；洗净的芹菜切成小段；洗净的红椒去籽后切成粗丝。

2　锅中注水烧开，倒入猪皮，放入少许盐，煮沸，捞去浮沫，用中火煮至熟透后捞出。

3　用油起锅，放入姜片、蒜末、葱段爆香。

4　倒入猪皮，炒匀，加入料酒、老抽、白糖、生抽，炒至猪皮上色。

5　倒入红椒、芹菜，翻炒至断生。

6　注入适量清水，加入豆瓣酱、盐、鸡粉，翻炒至食材入味；倒入水淀粉勾芡即成。

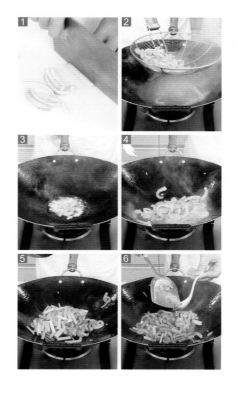

炒·功·秘·诀

切猪皮时，黏附在皮上的肉筋要清除干净，以免影响菜肴的口感。

香菜炒猪腰

烹饪时间：2分30秒　　口味：鲜

原料准备 🥜

猪腰……………………270克
彩椒……………………25克
香菜…………………… 120克
姜片、蒜末……各少许

调料 🥄

盐、白糖…………各3克
生抽…………………5毫升
鸡粉…………………2克
料酒…………………少许
水淀粉………………少许
食用油………………适量

制作方法 🍲

1　将洗净的香菜切成长段；洗净的彩椒切成粗丝；洗净的猪腰切成条。

2　猪腰加盐、料酒、水淀粉、食用油，腌渍入味。

3　用油起锅，放入姜片、蒜末，爆香；倒入猪腰，淋入少许料酒，炒匀；放入彩椒，炒至软。

4　加盐、生抽、白糖、鸡粉、水淀粉，翻炒至食材入味；撒上香菜梗，炒至变软；倒入香菜叶，炒出香味即可。

彩椒炒猪腰

烹饪时间：2分钟

口味：鲜

原料准备

猪腰……………150克

彩椒……………110克

姜末……………适量

蒜末、葱段……各少许

调料

盐…………………5克

鸡粉………………3克

料酒……………适量

生粉……………适量

水淀粉……………适量

蚝油……………适量

食用油……………适量

制作方法

1 将洗净的彩椒切成小块；洗净的猪腰切成片，放入少许盐、鸡粉、料酒、生粉，腌渍10分钟。

2 锅中注水烧开，倒入彩椒、猪腰，焯煮至变色后捞出。

3 炒锅中注油烧热，放入姜末、蒜末、葱段，爆香；倒入猪腰，炒匀；淋入适量料酒，炒匀。

4 放入彩椒、盐、鸡粉、蚝油、水淀粉，炒入味即可。

炒·功·秘·诀

焯煮好的猪腰可以再用清水清洗一下，这样能更好地去除猪腰的腥味。

芦笋炒猪肝

烹饪时间：3分钟　　口味：鲜

原料准备

猪肝	350克
芦笋	120克
红椒	20克
姜丝	少许

调料

盐	2克
鸡粉	2克
生抽	4毫升
料酒	4毫升
水淀粉	少许
食用油	适量

制作方法

1 将洗净的芦笋切成长段；洗净的红椒去籽，用斜刀切块。

2 将洗净的猪肝切成片，放入碗中，加入少许盐、料酒、水淀粉、食用油，腌渍10分钟。

3 锅中注水烧开，倒入芦笋、红椒块，加入少许盐、食用油，焯煮至断生后捞出。

4 另起锅，注入适量食用油，烧至四成热，倒入猪肝，拌匀，捞出沥干。

5 锅底留油烧热，倒入姜丝，爆香；放入焯过水的食材，炒匀；倒入猪肝，炒香。

6 加入盐、生抽、鸡粉、水淀粉，炒至食材入味即可。

炒·功·秘·诀

猪肝可以先用清水泡半个小时，这样炒熟后就不会发黑。

青椒炒肝丝

烹饪时间：2分钟　口味：鲜

原料准备

青椒·····················80克
胡萝卜·················40克
猪肝····················100克
姜片、蒜末······各少许
葱段·····················适量

调料

盐、鸡粉·········各少许
料酒、生抽、水淀粉、食用油······各适量

制作方法

1 将洗净、去皮的胡萝卜切成丝；洗净的青椒切成丝；洗净的猪肝切成丝，放少许盐、鸡粉、料酒、水淀粉、食用油，腌渍入味。

2 锅中注水烧开，放入适量油、盐，倒入胡萝卜丝，煮沸，再加入青椒，煮1分钟后捞出。

3 用油起锅，放入姜片、蒜末、葱段爆香；倒入猪肝，炒至转色；淋入料酒炒香。

4 倒入胡萝卜、青椒，炒匀；放入适量盐、鸡粉、生抽、水淀粉，快速炒匀即可。

红薯炒牛肉

烹饪时间：2分钟　口味：咸

原料准备

牛肉	200克
红薯	100克
青椒	20克
红椒	20克
姜片	适量
蒜末、葱白	各少许

调料

盐	适量
食粉	适量
鸡粉	适量
味精、生抽	各少许
料酒、食用油	各适量

制作方法

1 将洗净、去皮的红薯切片；洗净的红椒、青椒切小块。

2 牛肉切片，加食粉、生抽、盐、味精、水淀粉、油腌渍。

3 红薯、青椒、红椒、牛肉分别焯水后捞出。

4 用油起锅，倒入姜片、蒜末、葱白爆香；倒入牛肉、料酒翻炒；倒入红薯、青椒、红椒炒熟；放盐、鸡粉、水淀粉炒匀即可。

炒·功·秘·诀

牛肉的纤维组织较粗，应横切，将长纤维切断，不能顺着纤维组织切，否则牛肉没法入味，且不易嚼烂。

山楂菠萝炒牛肉

烹饪时间：2分钟　　口味：鲜

原料准备

牛肉片··············200克

水发山楂片·········25克

菠萝··············600克

圆椒··············少许

调料

番茄酱············30克

盐················3克

鸡粉··············2克

食粉··············少许

料酒············6毫升

水淀粉············少许

食用油············适量

制作方法

1 将洗净的牛肉片装入碗中，加入少许盐、料酒、食粉、水淀粉、食用油，腌渍约20分钟。

2 将洗净的圆椒切成小块。

3 将洗净的菠萝对半切开，取一半挖空果肉，制成菠萝盅，再把菠萝肉切小块。

4 热锅注油烧热，倒入牛肉，拌匀，待肉质变色，倒入圆椒，炸香后捞出。

5 锅底留油烧热，倒入山楂、菠萝，炒匀，挤入番茄酱，倒入滑过油的食材，炒匀。

6 转小火，加料酒、盐、鸡粉、水淀粉，炒至食材熟透；盛出装入菠萝盅即成。

> **炒·功·秘·诀**
>
> 山楂片泡软后最好再清洗一遍，这样才能有效去除杂质。

小笋炒牛肉

烹饪时间：2分30秒　　口味：鲜

原料准备 🦪

竹笋·················90克
牛肉················120克
青椒·················25克
红椒·················25克
姜片、蒜末······各适量
葱段·················少许

调料 🥄

盐·····················3克
鸡粉···················2克
生抽···············6毫升
食粉、料酒、水淀粉、
食用油·············各适量

制作方法 🍲

1 将洗净的竹笋切成片；洗净的红椒、青椒切小块；洗净的牛肉切片装碗，加食粉、生抽、盐、鸡粉、水淀粉、食用油腌渍。

2 锅中注水烧开，放入竹笋、青椒、红椒，焯水后捞出。

3 用油起锅，放入姜片、蒜末，爆香；倒入牛肉片，炒匀；淋入适量料酒，炒香。

4 倒入竹笋、青椒、红椒，炒匀；加入生抽、盐、鸡粉、水淀粉，炒至全部食材熟透即可。

原料准备 🥄

黄瓜……………150克

牛肉……………90克

红椒……………20克

姜片、蒜末…各少许

葱段……………少许

调料 🥄

食用油…………少许

水淀粉、盐、鸡粉、

生抽、食粉…各适量

制作方法 🍳

1 将洗净、去皮的黄瓜切成小块；洗净的红椒切成小块。

2 将洗净的牛肉切成片，装入碗中，放入食粉、生抽、盐、水淀粉、食用油，拌匀，腌渍入味。

3 热锅注油，烧至四成热，放入牛肉片，搅散，滑油至变色后捞出。

4 锅底留油，放入姜片、蒜末、葱段，爆香；倒入红椒、黄瓜，炒匀；放入牛肉片，淋入适量料酒，炒熟炒香；加入盐、鸡粉、生抽、水淀粉，炒匀即可。

烹饪时间：3分钟　口味：鲜

黄瓜炒牛肉

豌豆炒牛肉粒

烹饪时间：2分钟　　口味：鲜

原料准备 🥗

牛肉·················· 260克

彩椒·················· 20克

豌豆·················· 300克

姜片·················· 少许

调料 🧂

盐·················· 2克

鸡粉·················· 2克

料酒·················· 3毫升

食粉·················· 2克

水淀粉·········· 10毫升

食用油·············· 适量

制作方法 🍲

1 将洗净的彩椒切成丁。

2 将洗净的牛肉切粒，装入碗中，加入适量盐、料酒、食粉、水淀粉、食用油，腌渍入味。

3 锅中注水烧开，倒入豌豆，加入少许盐、食用油，焯煮1分钟；再倒入彩椒，焯煮至断生；捞出焯煮好的食材沥干。

4 热锅注油，烧至四成热，倒入腌好的牛肉，拌匀后捞出，沥干油。

5 用油起锅，放入姜片，爆香；倒入牛肉，炒匀；淋入适量料酒，炒香。

6 倒入焯过水的食材，炒匀；加入少许盐、鸡粉、料酒、水淀粉，翻炒均匀即可。

🍳 炒·功·秘·诀

腌渍牛肉时，放入少许水淀粉拌匀，可使牛肉粒更有韧性。

香菜炒羊肉

烹饪时间：3分钟　　口味：鲜

原料准备 🌽

羊肉·················270克

香菜·················85克

彩椒·················20克

姜片、蒜末······各少许

调料 🥫

盐·······················3克

鸡粉·····················2克

胡椒粉···················2克

料酒·····················6毫升

食用油···············适量

制作方法 🍚

1 将洗净的彩椒切粗条；洗净的香菜切段；洗净的羊肉切成粗丝。

2 用油起锅，放入姜片、蒜末，爆香；倒入羊肉，炒至变色；淋入少许料酒，炒匀提味。

3 放入彩椒丝，用大火炒至软；转小火，加入少许盐、鸡粉、胡椒粉，炒匀调味。

4 倒入备好的香菜段，快速翻炒至散出香味即成。

松仁炒羊肉

烹饪时间：3分钟　口味：鲜

原料准备

羊肉·················400克

彩椒··················60克

豌豆··················80克

松仁、胡萝卜片、姜片、葱段·········各少许

调料

盐、鸡粉、食粉、生抽、料酒、水淀粉、食用油············各适量

制作方法

1 洗净的彩椒切小块；洗净的羊肉切片后装碗，加食粉、盐、鸡粉、生抽、水淀粉，腌渍入味。

2 将洗净的豌豆、彩椒、胡萝卜片焯水后捞出。

3 松仁下油锅，炸香后捞出；羊肉滑油至变色后捞出。

4 姜、葱下油锅爆香；倒入焯过水的食材炒匀；放入羊肉、料酒、鸡粉、盐、水淀粉炒入味即可。

炒·功·秘·诀

羊肉滑油时要注意火候，时间太长会影响口感。

双椒炒羊肚

烹饪时间：4分钟　　口味：鲜

原料准备 🥬

羊肚·················500克
青椒···················20克
红椒···················10克
胡萝卜·················50克
姜片、葱段······各适量
八角、桂皮······各少许

调料 🧂

盐·····················2克
鸡粉···················3克
胡椒粉···············少许
水淀粉···············少许
料酒·················少许
食用油···············适量

制作方法 🍳

1 将洗净、去皮的胡萝卜切丝；洗净的红椒、青椒去籽后切丝。

2 锅中注入适量清水烧开，倒入洗净的羊肚，淋入料酒，略煮一会儿后捞出。

3 另起锅，注入适量清水，放入羊肚、葱段、姜片、八角、桂皮、料酒，略煮一会儿。

4 捞出羊肚，装入盘中，放凉后切成丝。

5 用油起锅，放入姜片、葱段，爆香；倒入胡萝卜、青椒、红椒，炒匀。

6 放入切好的羊肚，炒匀；加入料酒、盐、鸡粉、胡椒粉、水淀粉，炒匀调味即可。

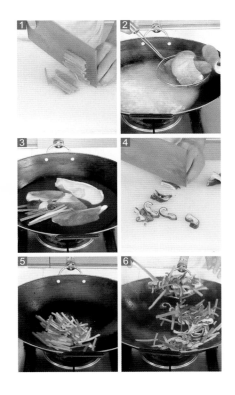

🍳 **炒·功·秘·诀**

翻炒食材的时候锅如果有点干，可适当放些水，以免炒煳。

PART
4

飘香禽蛋

与畜肉相比，禽肉味道鲜美、口感细嫩、易于消化，而且脂肪含量更低，是注重健康的朋友的日常良选。蛋类是人体最好的营养品，搭配其他食材炒食，既美味又营养。本章精选了28道独具特色的禽蛋小炒，不仅有详细的文字描述，更有高级专业厨师录制的烹调视频，用最直观、最易懂的方式教你做这些美食。

白灵菇炒鸡丁

烹饪时间：1分钟　　口味：鲜

原料准备 🥜

白灵菇……………200克
彩椒……………60克
鸡胸肉……………230克
姜片……………适量
蒜末、葱段……各少许

调料 🥄

盐……………4克
鸡粉……………4克
料酒……………5毫升
水淀粉……………12毫升
食用油……………适量

制作方法 🍽

1 将洗净的彩椒、白灵菇切丁；洗净的鸡胸肉切丁装碗，放入盐、鸡粉、水淀粉、食用油，腌渍入味。

2 锅中注水烧开，放入少许盐、鸡粉、食用油，倒入白灵菇、彩椒，焯煮至断生后捞出。

3 热锅注油烧热，倒入鸡肉丁，滑油至变色，捞出。

4 锅底留油，倒入姜片、蒜末、葱花，爆香；放入彩椒和白灵菇，略炒片刻；加入鸡肉丁炒匀；加料酒、盐、鸡粉，炒匀调味；淋入适量水淀粉，快速炒匀即可。

彩椒西蓝花炒鸡片

烹饪时间：2分钟　口味：鲜

原料准备

鸡胸肉……………75克
西蓝花……………65克
彩椒………………40克
姜末、蒜末……各少许

调料

盐…………………3克
鸡粉………………2克
料酒………………4毫升
水淀粉……………15毫升
食用油……………适量

制作方法

1 将洗净的西蓝花、彩椒切成小块；洗净的鸡胸肉切片装碗，放入盐、鸡粉、水淀粉、食用油，腌渍入味。

2 西蓝花、彩椒焯煮至断生，捞出沥干。

3 用油起锅，下入鸡肉片，炒至变色；放入姜末、蒜末、料酒炒匀；放入焯煮过的食材，炒至熟软。

4 转小火，加入清水、盐、鸡粉、水淀粉炒匀即成。

炒·功·秘·诀

因为西蓝花不易熟透，所以焯煮食材时，可以先下入西蓝花煮片刻后再放入其他食材。

茭白炒鸡丁

烹饪时间：2分钟　　口味：鲜

原料准备 🥜

鸡胸肉	250克
茭白	100克
黄瓜	100克
胡萝卜	90克
彩椒	50克
蒜末、姜片	各适量
葱段	少许

调料 🥄

盐	3克
鸡粉	3克
水淀粉	9毫升
料酒	8毫升
食用油	适量

制作方法 🍳

1 将洗净、去皮的胡萝卜切丁；洗净的黄瓜切丁；洗净的彩椒切小块；洗净的茭白切丁。

2 将洗净的鸡胸肉切成丁，装入碗中，放盐、鸡粉、水淀粉、食用油，腌渍入味。

3 锅中注入适量清水烧开，放盐、鸡粉，倒入胡萝卜、茭白，焯煮1分钟至断生后捞出。

4 倒入鸡丁，焯煮至变色，捞出沥干。

5 用油起锅，放入姜片、蒜末、葱段，爆香；倒入鸡肉丁、料酒，炒香。

6 倒入黄瓜、胡萝卜、茭白、彩椒，炒匀；放入盐、鸡粉、水淀粉，快速翻炒均匀，盛出即可。

🍳 炒·功·秘·诀

鸡丁容易炒老而影响口感，所以要控制好火候。

原料准备

花菜·················200克
鸡胸肉···············180克
彩椒·················40克
姜片·················适量
蒜末、葱段········各少许

调料

盐、鸡粉·········各少许
料酒、蚝油、水淀
粉、食用油·······各适量

花菜炒鸡片

烹饪时间：2分钟　口味：鲜

制作方法

1 将洗净的花菜、彩椒切小块；洗净的鸡胸肉切片装碗，加盐、鸡粉、水淀粉、食用油腌渍。

2 锅中注水烧开，加入适量食用油、盐，放入花菜、红椒，焯煮约1分钟至断生后捞出。

3 热锅注油，烧至四成热，倒入鸡肉片，搅散，滑油至变色后捞出。

4 用油起锅，放入姜片、蒜末、葱段，爆香；倒入花菜、红椒、鸡肉片，炒匀；淋入适量料酒，炒香；加入适量盐、鸡粉、蚝油、水淀粉，快速炒匀即可。

枸杞萝卜炒鸡丝

烹饪时间：3分钟　口味：鲜

原料准备

白萝卜…………… 120克
鸡胸肉…………… 100克
红椒……………… 30克
枸杞、姜丝………各适量
葱段、蒜末………各少许

调料

盐、鸡粉…………各少许
料酒、水淀粉、生抽、
食用油……………各适量

制作方法

1 将洗净、去皮的白萝卜切丝；洗净的红椒切丝；洗净的鸡胸肉切丝后装碗，加鸡粉、盐、水淀粉、食用油，腌渍入味。

2 锅中注水烧开，放入白萝卜、红椒，焯水后捞出。

3 用油起锅，放入姜丝、蒜末，炒香；倒入鸡肉丝、料酒，炒香；倒入白萝卜和红椒，炒匀。

4 加盐、鸡粉、生抽、枸杞、葱段、水淀粉炒匀即可。

炒·功·秘·诀

炒白萝卜时，可以加入少许食醋，能使菜品口感更鲜美，也更利于消化吸收。

芦笋炒鸡柳

烹饪时间：3分钟　　口味：鲜

原料准备

鸡胸肉·············150克
芦笋···············120克
西红柿·············75克

调料

盐···················3克
鸡粉·················2克
水淀粉···············少许
食用油···············适量

制作方法

1 将洗净、去皮的芦笋切粗条；洗净的鸡胸肉切成条，即鸡柳。

2 将洗净的西红柿切小瓣，去瓤。

3 把鸡柳装入碗中，加入少许盐、鸡粉、水淀粉，腌渍入味。

4 锅中注水烧开，倒入芦笋条，加入少许食用油、盐，焯煮至断生后捞出。

5 用油起锅，倒入鸡柳，炒至变色。

6 倒入芦笋条、西红柿，炒匀；再转小火，加入盐、鸡粉，翻炒至食材熟透；最后加水淀粉炒匀，勾芡即可。

炒·功·秘·诀

腌渍鸡肉时可以加入少许食用油，这样菜肴的口感会更佳。

113

鸡丝炒豆腐干

烹饪时间：3分钟　口味：鲜

原料准备

鸡胸肉…………… 150克

豆腐干…………… 120克

红椒……………… 30克

姜片、蒜末…… 各适量

葱段……………… 少许

调料

盐………………… 2克

鸡粉……………… 3克

生抽……………… 2毫升

水淀粉…………… 少许

食用油…………… 适量

制作方法

1 将洗净的豆腐干切成条；洗净的红椒去籽，切成丝。

2 将洗净的鸡胸肉切成丝，装入碗中，放入少许盐、鸡粉、水淀粉、食用油，腌渍入味。

3 热锅注油烧热，倒入豆腐干，炸出香味后捞出。

4 锅底留油，放入红椒、姜片、蒜末、葱段爆香；倒入鸡肉、料酒、豆腐干炒匀；最后加盐、鸡粉、生抽、水淀粉炒匀即可。

上海青炒鸡片

烹饪时间：2分钟　口味：鲜

原料准备

鸡胸肉·············130克
上海青············· 150克
红椒·············30克
姜片、蒜末······各少许
葱段·············适量

调料

盐·····················3克
鸡粉·················适量
料酒·················适量
水淀粉·············适量
食用油·············适量

制作方法

1 将洗净的上海青对半切开；洗净的红椒切小块；洗净的鸡胸肉切片装碗，加盐、鸡粉、水淀粉、食用油，腌渍入味。

2 锅中注水烧开，放入上海青，煮至断生后捞出。

3 用油起锅，倒入姜片、蒜末、葱段，爆香；再放入红椒、鸡肉片，炒匀；最后淋入料酒，翻炒至肉质松散。

4 倒入上海青，加鸡粉、盐、水淀粉，炒至熟透即成。

炒·功·秘·诀

上海青的铁元素含量较高，焯煮的时间不宜太长，以免营养物质流失。

板栗枸杞炒鸡翅

烹饪时间：9分30秒　　口味：鲜

原料准备

板栗·············· 120克
水发莲子········· 100克
鸡中翅·········· 200克
枸杞·············· 适量
姜片、葱段······ 各少许

调料

生抽·············· 7毫升
白糖·············· 6克
盐················ 3克
鸡粉·············· 3克
料酒·············· 13毫升
水淀粉············ 少许
食用油············ 适量

制作方法

1 将洗净的鸡中翅斩成小块。

2 将鸡中翅装入碗中，加入生抽、白糖、盐、鸡粉、料酒，拌匀。

3 热锅注油，烧至五成热，放入鸡中翅，炸至微黄后捞出。

4 锅底留油，放入姜片，爆香；再倒入鸡中翅，炒匀；淋入少许料酒，炒香。

5 加入板栗、莲子，炒匀；再加入生抽、盐、鸡粉、白糖、清水，用小火焖至入味。

6 用大火收汁，放入洗净的枸杞，炒匀；最后淋入适量水淀粉，快速翻炒均匀即可。

🍲 **炒·功·秘·诀**

较大的板栗肉可以切成两半，这样能节省烹饪时间，菜肴口感也更好。

竹笋炒鸡丝

烹饪时间：2分钟　口味：鲜

原料准备

竹笋……………………170克
鸡胸肉…………………230克
彩椒……………………35克
姜末、蒜末……………各少许

调料

盐、鸡粉………………各2克
料酒……………………适量
水淀粉…………………适量
食用油…………………适量

制作方法

1 将洗净的竹笋切成细丝；洗净的彩椒去蒂，切成粗丝。

2 将洗净的鸡胸肉切成细丝，装入碗中，加入少许盐、鸡粉、水淀粉、食用油，腌渍入味。

3 锅中注水烧开，放入竹笋丝，拌匀；再加入少许盐、鸡粉，焯煮约半分钟后捞出。

4 热锅注油，倒入姜末、蒜末、爆香；倒入鸡胸肉，炒匀；淋入料酒炒香，倒入彩椒丝、竹笋丝，炒匀；最后加入盐、鸡粉、水淀粉，拌炒至食材入味即可。

西葫芦炒鸡丝

烹饪时间：3分钟　口味：鲜

原料准备

西葫芦 ·············· 160克

彩椒 ·················· 30克

鸡胸肉 ·············· 70克

姜片、葱段 ······ 各适量

调料

盐、鸡粉 ·········· 各2克

水淀粉 ·············· 少许

料酒 ·················· 适量

食用油 ·············· 适量

制作方法

1 将洗净的西葫芦切成细丝；洗净的彩椒切成细丝。

2 将洗净的鸡胸肉切成细丝，装入碗中，加入少许盐、料酒、水淀粉、食用油，腌渍入味。

3 热锅注油烧热，倒入鸡肉丝滑油，再捞出沥干。

4 锅底留油烧热，放入姜片、葱段爆香；倒入彩椒、鸡肉丝，炒匀；再倒入西葫芦，炒至软；最后加盐、鸡粉、料酒、水淀粉炒匀即可。

炒·功·秘·诀

鸡肉丝不宜炒太长时间，以免肉质变老，而影响菜品的口感。

核桃桂圆炒鸡丁

烹饪时间：2分钟　　口味：鲜

原料准备

乌鸡⋯⋯⋯⋯⋯⋯ 400克

桂圆肉⋯⋯⋯⋯⋯⋯50克

核桃仁⋯⋯⋯⋯⋯⋯45克

胡萝卜片⋯⋯⋯⋯⋯适量

姜片、葱段⋯⋯各少许

调料

盐⋯⋯⋯⋯⋯⋯⋯⋯2克

鸡粉⋯⋯⋯⋯⋯⋯⋯2克

料酒⋯⋯⋯⋯⋯⋯10毫升

生抽⋯⋯⋯⋯⋯⋯8毫升

水淀粉⋯⋯⋯⋯⋯8毫升

食用油⋯⋯⋯⋯⋯适量

制作方法

1 将洗净的乌鸡切成丁。

2 锅中注水烧开，倒入鸡肉丁，焯煮去血水后捞出。

3 热锅注油，烧至四成热，放入核桃仁，炸出香味后捞出。

4 锅底留油，放入胡萝卜片、姜片、葱段，爆香；再倒入鸡肉丁，翻炒均匀。

5 淋入料酒，炒匀提味；加入少许生抽，翻炒匀；倒入少许清水，放入桂圆肉、鸡粉、盐，淋入水淀粉，翻炒均匀。

6 加入炸好的核桃仁，翻炒匀即可。

炒·功·秘·诀

炸核桃仁时油温不宜过高，时间也不能太久，以炸至金黄色为宜。

咖喱鸡丁炒南瓜

烹饪时间：3分钟　　口味：鲜

原料准备 🥜

南瓜·············300克
鸡胸肉···········100克
姜片·············适量
蒜末、葱段·····各少许

调料 🥄

咖喱粉··········10克
盐·················2克
鸡粉··············2克
料酒············4毫升
水淀粉···········适量
食用油···········少许

制作方法 🍮

1 将洗净、去皮的南瓜切成丁；洗净的鸡胸肉切成丁，放在碗中，加入鸡粉、盐、水淀粉，再放入食用油，腌渍入味。

2 热锅注油烧热，放入南瓜丁，略炸至断生后捞出。

3 用油起锅，放入姜片、蒜末，爆香；再倒入鸡肉丁、料酒，炒至鸡肉变色；加入清水、南瓜丁，用中火煮沸。

4 加入咖喱粉、盐、水淀粉及葱段，炒至食材熟透即成。

原料准备

蒜苗……………………90克

黄豆芽…………………70克

鸡胸肉…………………130克

红椒……………………20克

姜片、蒜末……各少许

调料

盐、料酒…………各适量

水淀粉……………适量

鸡粉、油………各适量

制作方法

1 将洗净的蒜苗切长段；洗净的黄豆芽切去根部；洗净的红椒去籽，再切粗丝。

2 将洗净的鸡胸肉切成细丝，装入碗中，加入盐、料酒、水淀粉、食用油，腌渍入味。

3 用油起锅，倒入姜片、蒜末，爆香；再放入鸡肉丝，炒匀至其变色；倒入蒜苗梗，炒匀。

4 放入红椒、黄豆芽，炒至熟软；再放入蒜苗叶，炒出香味；最后加入盐、鸡粉、料酒、水淀粉，炒匀至食材入味即可。

烹饪时间：3分钟　口味：鲜

蒜苗豆芽炒鸡丝

菠萝炒鸭丁

烹饪时间：2分钟　　口味：鲜

原料准备 🥜

鸭肉……………… 200克

菠萝肉…………… 180克

彩椒………………… 50克

姜片、蒜末…… 各适量

葱段……………… 少许

调料 🧂

盐…………………… 4克

鸡粉………………… 2克

蚝油………………… 5克

料酒……………… 6毫升

生抽……………… 8毫升

水淀粉…………… 适量

食用油…………… 少许

制作方法 🍴

1 将洗净的菠萝肉切成丁；洗净的彩椒切成小块，备用。

2 将洗净的鸭肉切成小块，放在碗中，加生抽、料酒、盐、鸡粉、水淀粉、食用油，拌匀，腌渍入味。

3 锅中注水烧开，加入少许食用油，放入菠萝丁、彩椒块，焯煮约半分钟后捞出。

4 用油起锅，放入姜片、蒜末、葱段，用大火爆香；再倒入腌好的鸭肉块，翻炒匀。

5 淋入少许料酒，炒香、炒透；再倒入焯煮好的食材，快速翻炒几下。

6 加入蚝油、生抽、盐、鸡粉，翻炒至食材入味；最后倒入水淀粉勾芡即成。

🍳 **炒·功·秘·诀**

鸭肉的腥味较重，腌渍时调味品的用量可以适当多一些，以去除其异味。

125

韭菜花酸豆角炒鸭胗

烹饪时间：3分钟　口味：鲜

原料准备

鸭胗·············· 150克
酸豆角············ 110克
韭菜花············ 105克
油炸花生米········ 70克
干辣椒············ 20克

调料

料酒、生抽······ 各少许
盐、鸡粉、辣椒油、
食用油·········· 各适量

制作方法

1 将洗净的韭菜花切段；洗净的酸豆角切段；洗净的花生米用刀面拍碎；洗净的鸭胗切粒。

2 锅中注水烧开，倒入鸭胗，淋入料酒，焯煮片刻，捞出沥干。

3 热锅注油烧热，倒入干辣椒，翻炒爆香；再倒入鸭胗、酸豆角，翻炒均匀。

4 淋入少许料酒、生抽，倒入花生碎、韭菜花，翻炒匀；再加入少许盐、鸡粉、辣椒油，炒匀调味即可。

彩椒黄瓜炒鸭肉

烹饪时间：3分钟　口味：鲜

原料准备 🦆

鸭肉⋯⋯⋯⋯⋯ 180克

黄瓜⋯⋯⋯⋯⋯ 90克

彩椒⋯⋯⋯⋯⋯ 30克

姜片、葱段⋯⋯ 各少许

调料 🥢

生抽⋯⋯⋯⋯⋯ 5毫升

盐⋯⋯⋯⋯⋯⋯ 2克

鸡粉⋯⋯⋯⋯⋯ 2克

水淀粉⋯⋯⋯⋯ 8毫升

料酒⋯⋯⋯⋯⋯ 8毫升

食用油⋯⋯⋯⋯ 适量

制作方法 🍳

1 将洗净的彩椒切成小块；洗净的黄瓜切成块。

2 将洗净的鸭肉去皮，切成丁，装入碗中，加入生抽、料酒、水淀粉，腌渍入味。

3 用油起锅，放入姜片、葱段，爆香；再倒入鸭肉，翻炒变色；淋入料酒，炒香；最后放入彩椒、黄瓜，炒熟。

4 加盐、鸡粉、生抽、水淀粉，炒匀即可。

🍲 炒·功·秘·诀

鸭肉的油脂含量较少，因此炒制的时间不宜过久，以免影响口感。

韭菜花炒腊鸭腿

烹饪时间：2分钟　　口味：鲜

原料准备

腊鸭腿⋯⋯⋯⋯⋯1只
韭菜花⋯⋯⋯⋯⋯230克
蒜末⋯⋯⋯⋯⋯少许

调料

盐⋯⋯⋯⋯⋯⋯2克
鸡粉⋯⋯⋯⋯⋯2克
料酒⋯⋯⋯⋯⋯4毫升
食用油⋯⋯⋯⋯适量

制作方法

1 将洗净的韭菜花切成段。

2 将洗净的腊鸭腿斩成丁。

3 锅中注入适量清水烧开，倒入鸭腿，煮至沸，焯去多余盐分；捞出鸭腿后沥干。

4 用油起锅，放入蒜末，爆香。

5 加入鸭腿肉，炒匀。

6 倒入韭菜花，翻炒至熟软；放盐、鸡粉，最后淋入料酒，炒匀。

7 盛出炒好的菜肴，装入碗中即可。

炒·功·秘·诀

韭菜花不宜炒得过熟，炒至八成熟即可，会有更好的口感。

滑炒鸭丝

烹饪时间：2分钟 口味：鲜

原料准备

鸭肉·················· 160克
彩椒·················· 60克
香菜梗、姜末、蒜末、葱段········· 各少许

调料

盐·················· 3克
鸡粉·················· 1克
生抽·················· 4毫升
料酒、水淀粉、食用油·················· 各适量

制作方法

1 将洗净的彩椒切成条；洗净的香菜梗切成段。

2 将洗净的鸭肉切成丝，装入碗中，加入生抽、料酒、盐、鸡粉、水淀粉、食用油，腌渍至入味。

3 用油起锅，下入蒜末、姜末、葱段，爆香；放入鸭肉丝，加入适量料酒，炒香；再倒入适量生抽，炒匀。

4 下入彩椒，拌炒匀；再放入适量盐、鸡粉、水淀粉，炒匀；最后放入香菜段，炒匀即可。

洋葱炒鸭胗

烹饪时间：3分钟　口味：鲜

原料准备

鸭胗……………………170克
洋葱……………………80克
彩椒……………………60克
姜片……………………适量
蒜末、葱段……各少许

调料

盐、水淀粉……各适量
料酒、蚝油……各适量
生粉、鸡粉……各适量
食用油……………………适量

制作方法

1 将洗净的彩椒、洋葱切小块；洗净的鸭胗切块后装入碗中，加入料酒、盐、鸡粉、生粉腌渍。

2 锅中注水烧开，倒入鸭胗，焯煮去血水后捞出。

3 用油起锅，倒入姜片、蒜末、葱段，爆香；放入鸭胗，炒匀；再淋入少许料酒，炒香。

4 倒入洋葱、彩椒，炒至熟；最后加盐、鸡粉、蚝油、水淀粉，炒匀调味即可。

炒·功·秘·诀

这道菜宜用旺火快炒，这样炒出的菜肴口感更佳。

彩椒炒鸭肠

烹饪时间：2分钟　　口味：鲜

原料准备

鸭肠·················70克

彩椒·················90克

姜片、蒜末······各少许

葱段·················适量

调料

豆瓣酱···············5克

盐···················3克

鸡粉·················2克

生抽···············3毫升

料酒···············5毫升

水淀粉···············少许

食用油···············适量

制作方法

1　将洗净的彩椒切成粗丝；洗净的鸭肠切成段，备用。

2　把鸭肠放在碗中，加入适量盐、鸡粉、料酒、水淀粉，腌渍入味。

3　锅中注入适量清水烧开，倒入腌好的鸭肠，搅匀，焯煮约1分钟，捞出沥干。

4　用油起锅，放入姜片、蒜末、葱段，爆香；再倒入鸭肠，炒匀；淋入料酒，炒香、炒透。

5　加入生抽，炒匀；再倒入切好的彩椒丝，炒至断生。

6　注入少许清水，加入鸡粉、盐、豆瓣酱，快速翻炒至入味，倒入水淀粉勾芡即成。

炒·功·秘·诀

清洗鸭肠时，可以倒入适量白醋搓洗，这样能有效去除表面的黏液。

133

空心菜梗炒鸭肠

烹饪时间：2分30秒　　口味：鲜

原料准备 ✂

空心菜梗·········300克

鸭肠·············200克

彩椒·············少许

调料 🥄

盐···············2克

鸡粉·············2克

料酒·············8毫升

水淀粉···········4毫升

食用油···········适量

制作方法 🏔

1 将洗净的空心菜梗切成小段；洗净的彩椒切成片；洗净的鸭肠切成小段。

2 锅中注入适量清水烧开，倒入鸭肠，略煮一会儿，去除杂质；捞出鸭肠沥干。

3 热锅注油，倒入彩椒片，炒匀；再放入空心菜梗，炒匀；最后注入适量清水，倒入鸭肠，炒熟。

4 加盐、鸡粉、料酒、水淀粉，翻炒至食材入味即可。

原料准备

鲜百合…………140克
胡萝卜…………25克
鸡蛋……………2个
葱花……………少许

调料

盐………………2克
鸡粉……………2克
白糖……………3克
食用油…………适量

制作方法

1 将洗净、去皮的胡萝卜切成片。

2 鸡蛋打入碗中，加入盐、鸡粉，拌匀，制成蛋液。

3 锅中注水烧开，倒入胡萝卜，拌匀；放入洗净的百合，拌匀；再加入少许白糖，焯煮至食材断生，捞出沥干。

4 用油起锅，倒入蛋液，炒匀；再放入焯过水的材料，炒熟；最后撒上葱花，炒出葱香味即可。

烹饪时间：二分钟　口味：鲜

鸡蛋炒百合

洋葱腊肠炒鸡蛋

烹饪时间：2分钟　　口味：鲜

原料准备

洋葱·······················55克

腊肠·······················85克

鸡蛋液···············120克

调料

盐···························2克

水淀粉················少许

制作方法

1 将洗净的腊肠切成小段。

2 将洗净的洋葱切成小块。

3 把鸡蛋液装入碗中，加入少许盐、水淀粉，快速搅拌一会儿。

4 用油起锅，倒入切好的腊肠，翻炒均匀，炒出香味。

5 放入切好的洋葱块，用大火快炒，炒至洋葱变软。

6 倒入调好的蛋液，铺开，呈饼形，再炒散，至食材熟透。

7 关火后盛出炒好的菜肴，装入盘中即可。

炒·功·秘·诀

翻炒鸡蛋时宜用中火，这样菜肴的口感会更嫩滑。

原料准备

鸡蛋·····················2个
玉米粒·················85克
彩椒·····················10克

调料

盐·······················3克
鸡粉·····················2克
食用油·················适量

彩椒玉米炒鸡蛋

烹饪时间：二分钟　口味：鲜

制作方法

1 将洗净的彩椒去籽后切成丁。

2 鸡蛋打入碗中，加入少许盐、鸡粉，搅匀，制成蛋液。

3 锅中注入适量清水烧开，倒入玉米粒、彩椒，加入适量盐，焯煮至断生，捞出沥干。

4 用油起锅，倒入蛋液，翻炒均匀；再倒入焯煮过的食材，快速翻炒至熟；关火后盛出，装入盘中即可。

胡萝卜炒鸡蛋

烹饪时间：2分钟　口味：鲜

原料准备

胡萝卜·············100克

鸡蛋·················2个

葱花·················少许

调料

盐···················4克

鸡粉·················2克

水淀粉···············少许

食用油···············适量

制作方法

1 将洗净、去皮的胡萝卜切成粒；鸡蛋打入碗中，打散、调匀。

2 锅中注水烧开，倒入胡萝卜粒，焯煮至八成熟后捞出。

3 把胡萝卜粒倒入蛋液中，加入适量盐、鸡粉、水淀粉，再撒入少许葱花，搅拌匀。

4 用油起锅，倒入蛋液，拌匀，翻炒至成形即可。

炒·功·秘·诀

炒制鸡蛋时，要控制好火候，以免鸡蛋烧焦而影响口感。

陈皮炒鸡蛋

烹饪时间：2分钟　　口味：鲜

原料准备

鸡蛋·······················3个

水发陈皮···············5克

姜汁················100毫升

葱花·····················少许

调料

盐···························3克

水淀粉···················少许

食用油···················适量

制作方法

1　将洗净的陈皮切成丝。

2　鸡蛋打入碗中，打散、调匀，制成蛋液。

3　碗中加入切好的陈皮丝，再放入盐、姜汁，搅散。

4　倒入水淀粉，拌匀。

5　用油起锅，倒入蛋液，炒至鸡蛋成形。

6　撒上葱花，略炒片刻。

7　盛出炒好的菜肴，装入盘中即可。

🔥 炒·功·秘·诀

陈皮需要用水泡开，这样味道更易散发出来。

秋葵炒鸡蛋

烹饪时间：2分钟　口味：鲜

原料准备

秋葵··············· 180克

鸡蛋··················· 2个

葱花··················· 少许

调料

盐····················· 少许

鸡粉··················· 2克

水淀粉··············· 少许

食用油··············· 适量

制作方法

1 将洗净、去皮的秋葵切成块。

2 鸡蛋打入碗中，打散、调匀，放入少许盐、鸡粉。

3 碗中倒入适量水淀粉，搅拌匀。

4 锅中注油，烧热，倒入切好的秋葵，炒匀。

5 锅中撒入少许葱花，炒香。

6 锅中倒入备好的鸡蛋液，翻炒至锅中食材熟软入味。

7 盛出炒好的菜肴，装入盘中即可。

炒·功·秘·诀

秋葵入锅后，宜大火快炒，变色即可出锅，以免秋葵的营养成分流失。

PART

5

鲜美水产

　　水产品营养丰富，味道鲜美。本章精选美味的水产小炒，材料、调料、做法面面俱到，烹饪步骤清晰，详略得当，同时配以步骤图，即便你没有任何烹饪经验，也能做得有滋有味。每道菜例的介绍中，不仅告诉你做小炒更美味的方法，还向你介绍相应的营养常识，让你吃得开心，吃得放心。

烹饪时间：2分钟　　口味：鲜

菠萝炒鱼片

原料准备 🥬

菠萝肉·············75克
草鱼肉·············150克
红椒··············25克
姜片··············适量
蒜末、葱段·····各少许

制作方法 🍳

1 将洗净的菠萝肉切片；洗净的红椒切小块；洗净的草鱼肉切片后装碗，加盐、鸡粉、水淀粉、食用油，腌渍入味。

2 热锅注油烧热，放入鱼片，滑油至断生后捞出。

3 用油起锅，放入姜片、蒜末、葱段，爆香；再倒入红椒块、菠萝肉，快速炒匀；放入鱼片、料酒，炒匀。

4 加入豆瓣酱、鸡粉、水淀粉，翻炒至食材入味即成。

调料 🥄

豆瓣酱·············7克
盐···············2克
鸡粉··············2克
料酒··············4毫升
水淀粉············少许
食用油············适量

🍲 炒·功·秘·诀

菠萝切好后要放在淡盐水中浸泡一会儿，可以消除其涩口的味道。

竹笋炒生鱼片

烹饪时间：2分钟　口味：鲜

原料准备

竹笋……………………200克

生鱼肉…………………180克

彩椒……………………40克

姜片……………………适量

蒜末、葱段……………各少许

调料

盐………………………3克

鸡粉……………………5克

水淀粉…………………适量

料酒……………………适量

食用油…………………适量

制作方法

1 将洗净的竹笋切丝；洗净的彩椒切块；洗净的生鱼肉切片，加盐、鸡粉、水淀粉、食用油，腌渍入味。

2 锅中注水烧开，加盐、鸡粉，倒入竹笋，焯煮至八成熟后捞出。

3 用油起锅，放入蒜末、姜片、葱段，爆香；再倒入彩椒、鱼片，翻炒片刻；淋入料酒，炒香。

4 放入竹笋，加入盐、鸡粉、水淀粉，快速炒匀即可。

炒·功·秘·诀

竹笋焯水的时间不宜太久，以免菜品过于熟烂，影响其爽脆的口感。

147

姜丝炒墨鱼须

烹饪时间：2分钟　　口味：辣

原料准备

墨鱼须	150克
红椒	30克
生姜	35克
蒜末、葱段	各少许

调料

豆瓣酱	8克
盐	2克
鸡粉	2克
料酒	5毫升
水淀粉	少许
食用油	适量

制作方法

1 将洗净、去皮的生姜切成细丝；洗净的红椒切成粗丝；洗净的墨鱼须切段。

2 锅中注水烧开，倒入切好的墨鱼须，淋入少许料酒，焯煮约半分钟后捞出。

3 用油起锅，放入蒜末，撒上红椒丝、姜丝，用大火爆香。

4 倒入墨鱼须，快速翻炒几下，至肉质卷起；再淋入少许料酒，炒匀。

5 放入豆瓣酱，翻炒片刻，至散发出香辣味；再加入盐、鸡粉，炒匀调味。

6 倒入适量水淀粉，翻炒片刻，至食材熟透；最后撒上葱段，炒出葱香即成。

炒·功·秘·诀

墨鱼须焯煮前可以先拍上少许淀粉，这样更容易保持其鲜美的口感。

鲜鱿鱼炒金针菇

烹饪时间：2分钟　口味：鲜

原料准备

鲜鱿鱼············300克

彩椒··············50克

金针菇············90克

姜片··············适量

蒜末、葱白·····各少许

调料

盐、鸡粉··········各3克

料酒··············适量

水淀粉············适量

食用油············适量

制作方法

1 将洗净的金针菇切去根部；洗净的彩椒切成丝；洗净的鲜鱿鱼内侧切上麦穗花刀，切片后装碗，加盐、鸡粉、料酒、水淀粉，腌渍入味。

2 锅中注水烧开，倒入鱿鱼，焯煮至鱿鱼片卷起后捞出。

3 用油起锅，放入姜片、蒜末、葱白，爆香；倒入鱿鱼，淋入料酒，炒香。

4 放入金针菇、彩椒，炒至熟软；最后加入适量盐、鸡粉、水淀粉，拌炒均匀即可。

洋葱炒鱿鱼

烹饪时间：2分钟　口味：鲜

原料准备

洋葱⋯⋯⋯⋯⋯100克

鱿鱼⋯⋯⋯⋯⋯80克

红椒⋯⋯⋯⋯⋯15克

姜片、蒜末⋯⋯各少许

调料

盐⋯⋯⋯⋯⋯⋯3克

鸡粉⋯⋯⋯⋯⋯3克

料酒⋯⋯⋯⋯⋯5毫升

水淀粉⋯⋯⋯⋯适量

食用油⋯⋯⋯⋯适量

制作方法

1　将洗净的洋葱切成片；洗净的红椒切成小块。

2　在洗净的鱿鱼内侧切上麦穗花刀，切成小块后装碗，加盐、鸡粉、料酒、水淀粉，腌渍入味。

3　锅中注水烧开，倒入鱿鱼，焯煮至鱿鱼片卷起后捞出。

4　用油起锅，放入姜、蒜，爆香；再倒入鱿鱼卷、料酒、洋葱、红椒，炒匀；最后加盐、鸡粉、水淀粉，炒匀即可。

炒·功·秘·诀

切洋葱前可以把刀放入冷水中浸泡片刻，这样就不会刺激眼睛了。

芦笋腰果炒墨鱼

烹饪时间：4分钟　　口味：鲜

原料准备

芦笋·················80克
腰果·················30克
墨鱼··············· 100克
彩椒·················50克
姜片、蒜末······各适量
葱段·················少许

调料

盐···················4克
鸡粉·················3克
料酒·················8毫升
水淀粉···············6毫升
食用油···············适量

制作方法

1 将洗净、去皮的芦笋切成段；洗净的彩椒切成小块。

2 将洗净的墨鱼切成片后装碗，加入盐、鸡粉、料酒、水淀粉，腌渍10分钟。

3 锅中注水烧开，加入适量盐后放入腰果，焯煮1分钟后捞出；再倒入少许食用油，放入彩椒、芦笋，焯煮半分钟后捞出；最后把墨鱼倒入沸水锅中，焯煮片刻后捞出。

4 热锅注油烧热，倒入腰果，炸香后捞出。

5 锅底留油，放入姜片、蒜末、葱段，爆香；倒入墨鱼，淋入适量料酒，炒匀。

6 放入彩椒和芦笋，炒匀；再加鸡粉、盐、水淀粉，炒匀；最后盛入盘中，撒上腰果即可。

> ### 炒·功·秘·诀
> 芦笋不宜翻炒过久，以免将其炒得过老，影响菜肴的口感。

五彩鲟鱼丝

烹饪时间：3分钟　　口味：鲜

原料准备 🥘

鲟鱼肉·············350克

胡萝卜···············45克

香菇·····················55克

绿豆芽···············75克

彩椒·····················50克

姜丝、葱段······各少许

调料 🥄

盐·························2克

鸡粉·····················2克

料酒···············4毫升

水淀粉··············少许

食用油···············适量

制作方法 🍲

1 将洗净、去皮的胡萝卜切丝；洗净的香菇、彩椒切丝；洗净的绿豆芽切去头尾；洗净、去皮的鲟鱼切丝后装碗，加盐、料酒、水淀粉腌渍。

2 香菇、胡萝卜、彩椒焯水，捞出沥干。

3 热锅注油，放入鱼肉丝，拌匀，捞出沥干。

4 锅底留油烧热，倒入姜丝爆香；放入焯过水的食材炒匀；再放入鱼肉丝、绿豆芽、葱段炒匀；最后放入盐、鸡粉、料酒、水淀粉，炒入味即可。

原料准备

火腿肠………90克
鱿鱼………120克
鸡胸肉……150克
竹笋、姜末、蒜
末、葱段‥各少许

调料

盐、鸡粉…各少许
料酒、水淀粉、
食用油……各少许

制作方法

1 将洗净的鸡胸肉切丝；火腿肠切丝；洗净的竹笋切丝；洗净的鱿鱼切丝。

2 把鸡肉丝装入碗中，放入盐、鸡粉、水淀粉、食用油，腌渍10分钟；将鱿鱼丝装入碗中，放入盐、鸡粉、料酒、水淀粉，腌渍10分钟。

3 锅中注水烧开，放少许盐、鸡粉后放入竹笋，焯煮至断生；再放入鱿鱼，焯煮半分钟后捞出。

4 用油起锅，放入姜末、蒜末、葱段，爆香；倒入鸡丝、料酒，炒至转色；放入竹笋、鱿鱼、火腿肠，炒熟；最后加盐、鸡粉、水淀粉，炒匀盛出即可。

烹饪时间：2分钟　口味：鲜

鱿鱼炒三丝

虾仁炒白菜

烹饪时间：2分钟　　口味：鲜

原料准备

虾仁·······················50克

大白菜················· 160克

红椒·······················25克

姜片、蒜末······各适量

葱段·······················少许

调料

盐··························3克

鸡粉························3克

料酒······················3毫升

水淀粉···················少许

食用油················适量

制作方法

1 将洗净的大白菜切成小块；洗净的红椒去籽后切成小块。

2 洗净的虾仁由背部切开，去除虾线。

3 将虾仁装入碗中，放入盐、鸡粉、水淀粉、食用油，腌渍10分钟。

4 锅中注水烧开，放少许食用油、盐，放入大白菜，拌匀，焯煮半分钟至断生后捞出。

5 用油起锅，放入姜片、蒜末、葱段，用大火爆香；倒入虾仁、料酒，炒匀；再放入大白菜、红椒，炒匀。

6 加入鸡粉、盐、水淀粉，炒匀即可。

> ⬛ **炒·功·秘·诀**
>
> 虾仁宜用大火快炒，若火候太小，炒熟的虾肉会失去弹性和鲜嫩的口感。

原料准备

丝瓜·····················130克
草菇·····················100克
虾仁······················90克
胡萝卜片、姜片、
蒜末、葱段···各少许

调料

盐、鸡粉·······各少许
蚝油、料酒、水淀
粉、食用油····各适量

草菇丝瓜炒虾仁

烹饪时间：2分钟　口味：鲜

制作方法

1 将洗净的草菇切小块；洗净、去皮的丝瓜切
　小段；洗净的虾仁由背部切开，去除虾线。

2 把虾仁放在碗中，加入盐、鸡粉、水淀粉、
　食用油，拌匀，腌渍约10分钟。

3 锅中注水烧开，加少许盐、食用油后放入草
　菇，拌匀，焯煮至八成熟，捞出沥干。

4 用油起锅，放入胡萝卜片、姜片、蒜末、葱
　段，爆香；倒入虾仁，炒至虾身弯曲；再淋
　入料酒，放入丝瓜、草菇炒匀；加清水、蚝
　油，炒香；最后加入盐、鸡粉、水淀粉，炒
　匀即成。

海带虾仁炒鸡蛋

烹饪时间：2分钟　口味：鲜

原料准备

海带……………………85克

虾仁……………………75克

鸡蛋……………………3个

葱段……………………少许

调料

盐………………………3克

鸡粉……………………3克

料酒……………………12毫升

生抽……………………4毫升

水淀粉…………………4毫升

芝麻油…………………适量

食用油…………………适量

制作方法

1 将洗净的海带切小块；洗净的虾仁切开背部，去除虾线后装碗，加料酒、盐、鸡粉、水淀粉、芝麻油腌渍。

2 鸡蛋打入碗中，加盐、鸡粉调匀，炒熟后盛出。

3 锅中注水烧开，倒入海带，焯煮半分钟，捞出沥干。

4 用油起锅，倒入虾仁、海带，炒匀；再加入料酒、生抽、鸡粉，炒匀；最后放入鸡蛋、葱段，炒匀即可。

炒·功·秘·诀

炒虾仁之前加适量调味料腌渍片刻，可以使菜肴的味道更佳。

人参炒虾仁

烹饪时间：2分钟　　口味：鲜

原料准备 🌽

虾仁	40克
人参	35克
洋葱	60克
彩椒	20克
圆椒	25克
姜片、葱段	各少许

调料 🥄

盐	2克
鸡粉	3克
水淀粉	少许
食用油	适量

制作方法 🍲

1 将洗净的人参用斜刀切段；洗净的圆椒用斜刀切小块。

2 将洗净的彩椒切小块；洗净的洋葱切小块。

3 将洗净的虾仁由背部切开，去除虾线后装碗，加盐、鸡粉、水淀粉、食用油，腌渍入味。

4 锅中注水烧开，放少许食用油，放入圆椒、彩椒、洋葱、人参，焯煮至断生后捞出。

5 用油起锅，倒入姜片、葱段爆香；放入虾仁，炒至变色；倒入焯过水的材料，炒香、炒熟。

6 加入盐、鸡粉，炒匀；最后倒入水淀粉，炒至食材熟软入味即可。

🍳 炒·功·秘·诀

炒虾仁时勾薄芡，可使菜品颜色更加鲜亮。

猕猴桃炒虾仁

烹饪时间：12分钟　口味：鲜

原料准备

猕猴桃…………60克
鸡蛋…………1个
胡萝卜…………70克
虾仁…………75克

调料

盐…………4克
水淀粉…………少许
食用油…………适量

制作方法

1 将去皮的猕猴桃切小块；洗净的胡萝卜切丁；洗净的虾仁背部切开，去除虾线后装碗，加盐、水淀粉，腌渍10分钟。

2 鸡蛋打入碗中加盐、水淀粉，调匀；胡萝卜焯煮至断生后捞出。

3 热锅注油，倒入虾仁炸香，捞出；再倒入蛋液炒熟，盛出。

4 用油起锅，倒入胡萝卜、虾仁、鸡蛋，炒匀；再加盐、猕猴桃，炒匀；最后加水淀粉，炒至入味即可。

虾仁炒豆角

烹饪时间：2分钟　口味：鲜

原料准备

虾仁	60克
豆角	150克
红椒	10克
姜片	适量
蒜末	适量
葱段	少许

调料

盐	3克
鸡粉	2克
料酒	4毫升
水淀粉	少许
食用油	适量

制作方法

1 将洗净的豆角切段；洗净的红椒切条；洗净的虾仁去除虾线后装碗，加盐、鸡粉、水淀粉、食用油，腌渍入味。

2 豆角焯水至断生，捞出沥干。

3 用油起锅，放入姜片、蒜末、葱段爆香；再倒入红椒、虾仁、料酒，快速翻炒至虾身弯曲、变色。

4 倒入豆角，炒匀；最后加盐、鸡粉、水淀粉，炒熟即成。

炒·功·秘·诀

豆角需摘去两头，以免影响菜肴的口感。

沙茶酱炒濑尿虾

烹饪时间：4分钟   口味：鲜

原料准备

濑尿虾·············· 400克

沙茶酱··············10克

红椒粒··············10克

洋葱··············10克

青椒、葱白·······各5克

调料

鸡粉·····················2克

料酒·····················4毫升

生抽·····················4毫升

蚝油·····················少许

食用油··············适量

制作方法

1 热锅注油烧热，倒入处理好的濑尿虾。

2 油炸约80秒至虾转色。

3 关火，将炸好的虾捞出沥干。

4 用油起锅，倒入红椒、青椒、洋葱、葱白，
  炒匀；放入沙茶酱，炒匀。

5 放入炸好的虾，翻炒约2分钟至熟。

6 加入鸡粉、料酒，放入生抽、蚝油，炒匀。

7 盛出炒好的濑尿虾，装入盘中即可。

炒·功·秘·诀

沙茶酱可以多炒一会儿，以便使其味道充分释放。

白果桂圆炒虾仁

烹饪时间：3分钟　口味：鲜

原料准备 🥬

白果……………… 150克
桂圆肉……………40克
彩椒………………60克
虾仁………………200克
姜片、葱段………各适量

调料 🧂

盐、鸡粉…………各少许
胡椒粉、料酒、水淀粉、食用油……各适量

制作方法 🍲

1. 将洗净的彩椒切丁；洗净的虾仁由背部切开，去除虾线后装碗，加盐、鸡粉、胡椒粉、水淀粉，食用油，腌渍入味。

2. 洗净的白果、桂圆肉、彩椒分别焯水后捞出。

3. 把虾仁倒入沸水锅中，焯煮至变色后捞出；热锅注油，放入虾仁，滑油片刻后捞出。

4. 锅底留油，放入姜片、葱段，爆香；放入白果、桂圆、彩椒炒匀；放入虾仁炒匀；再加入料酒，炒匀；最后加入鸡粉、盐、水淀粉，炒至食材熟透即可。

西芹木耳炒虾仁

烹饪时间：2分钟　口味：清淡

原料准备

西芹·························75克

木耳·························40克

虾仁·························50克

胡萝卜片·············少许

姜片、蒜末······各少许

葱段·····················适量

调料

盐······························3克

鸡粉、料酒、水淀粉、

食用油·············各适量

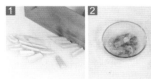

制作方法

1 将洗净的西芹切段；洗净的木耳切小块；洗净的虾仁由背部切开，去除虾线。

2 虾仁装碗，加盐、鸡粉、水淀粉、食用油，腌渍入味。

3 锅中注水烧开，加盐、食用油后放入木耳、西芹，焯煮至断生后捞出。

4 用油起锅，放入胡萝卜、姜片、蒜末爆香；再倒入虾仁、木耳、西芹，炒熟；最后加盐、鸡粉、水淀粉、葱段，炒匀即成。

炒·功·秘·诀

焯煮木耳时，可以撒上少许食粉，这样炒出来的木耳口感会更柔嫩。

炒虾肝

烹饪时间：2分钟　　口味：鲜

原料准备

虾仁	50克
猪肝	100克
苦瓜	80克
彩椒	120克
姜片、蒜末	各适量
葱段	少许

调料

盐	4克
鸡粉	3克
水淀粉	6毫升
料酒	7毫升
白酒	少许
食用油	适量

制作方法

1 将洗净的彩椒、苦瓜切小块；洗净的虾仁由背部切开，去除虾线；洗净的猪肝切片。

2 将猪肝片、虾仁装碗，加入少许盐、鸡粉、水淀粉、白酒，腌渍入味。

3 锅中注水烧开，加少许盐、食用油，放入苦瓜、彩椒块，焯煮至断生后捞出。

4 将处理好的虾仁、猪肝倒入沸水锅中，焯煮至变色后捞出。

5 用油起锅，放入姜片、蒜末、葱段，爆香；倒入腌渍好的虾仁和猪肝，炒匀；再加入料酒，炒片刻。

6 放入苦瓜、彩椒、鸡粉，炒熟；最后加盐、水淀粉，炒片刻即可。

炒·功·秘·诀

猪肝宜现切现做，否则不仅营养易流失，而且炒熟后会有许多颗粒凝结在猪肝表面，影响菜肴的外观和口感。

169

韭菜花炒虾仁

烹饪时间：2分钟　　口味：鲜

原料准备

虾仁·················85克

韭菜花·············110克

彩椒·················10克

葱段、姜片······各少许

调料

盐·····························2克

鸡粉·························2克

白糖·······················少许

料酒·····················4毫升

水淀粉···················少许

食用油·················适量

制作方法

1 将洗净的韭菜花切长段；洗净的彩椒切粗丝。

2 将洗净的虾仁由背部切开，挑去虾线后装碗，加盐、料酒、水淀粉，腌渍入味。

3 用油起锅，倒入虾仁，炒匀；撒上姜片、葱段，炒香；淋入适量料酒，炒至虾身呈亮红色。

4 倒入彩椒丝、韭菜花，炒至断生；最后加盐、鸡粉、白糖炒匀，放入水淀粉勾芡即可。

原料准备 🍤

韭菜花…………165克

河虾……………85克

红椒……………少许

调料 🥄

蚝油……………4克

盐………………少许

鸡粉……………少许

水淀粉…………少许

食用油…………适量

制作方法 🍲

1 将洗净的红椒切成粗丝；洗净的韭菜花切成长段。

2 用油起锅，倒入备好的河虾，炒匀，至其呈亮红色。

3 放入红椒丝，炒匀；倒入韭菜花，用大火翻炒，至其变软。

4 加入少许盐、鸡粉、蚝油，炒匀；再用水淀粉勾芡，至食材入味即成。

烹饪时间：2分钟　口味：鲜

韭菜花炒河虾

桂圆炒虾仁

烹饪时间：2分钟　　口味：鲜

原料准备 🥜

虾仁……………… 200克

桂圆肉…………… 180克

胡萝卜片………… 适量

姜片、葱段…… 各少许

调料 🥄

盐………………………3克

鸡粉……………………3克

料酒……………………10毫升

水淀粉…………………16毫升

食用油…………………适量

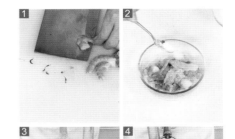

制作方法 🍱

1 将洗净的虾仁由背部切开，去除虾线。

2 把处理好的虾仁装碗，加入盐、鸡粉、水淀粉、食用油，腌渍入味。

3 锅中注入清水烧开，放入虾仁，焯煮至变色，捞出沥干。

4 热锅注油，烧至四成热，放入虾仁，滑油片刻后捞出。

5 锅底留油，放入胡萝卜片、姜片、葱段，爆香；再倒入桂圆肉、虾仁、料酒，炒匀。

6 加入适量鸡粉、盐、水淀粉，炒至食材入味即可。

▲ 炒·功·秘·诀

虾仁滑油时宜用小火，而且时间不可太长。

泰式肉末炒蛤蜊

烹饪时间：3分钟　口味：鲜

原料准备

蛤蜊……………500克

肉末……………100克

姜末、葱花……各适量

调料

泰式甜辣酱…………5克

豆瓣酱………………5克

料酒…………………5毫升

水淀粉………………5毫升

食用油………………适量

制作方法

1　锅中注入适量清水，用大火烧开，倒入处理好的蛤蜊，略煮一会儿，捞出沥干。

2　热锅注油，倒入肉末，翻炒至变色；倒入姜末、葱花，翻炒均匀；再放入适量豆瓣酱、泰式甜辣酱，炒匀。

3　倒入蛤蜊，炒匀；淋入少许料酒，快速翻炒均匀。

4　倒入少许水淀粉，翻炒匀；最后放入余下的葱花，炒出香味后关火即可。

节瓜炒花甲

烹饪时间：2分钟　口味：鲜

原料准备

净花甲…………… 550克
节瓜…………… 120克
海米…………… 45克
姜片、葱段……… 各适量
红椒圈…………… 少许

调料

盐、鸡粉、蚝油、生
抽、料酒、水淀粉、食
用油……………… 各适量

制作方法

1 将洗净的节瓜去除瓜瓤，切粗条。
2 锅中注水，倒入花甲烧开，焯煮至花甲壳裂开后捞出。
3 用油起锅，撒上姜片、葱段、红椒圈，爆香；再倒入
  洗净的海米和节瓜，炒匀。
4 倒入花甲、料酒，炒至食材断生；最后加入盐、鸡
  粉、蚝油、生抽、水淀粉，炒至入味即可。

炒·功·秘·诀

焯煮花甲的时候一定要冷水下锅，这样才能有效地
清除壳内的沙粒。

海鲜鸡蛋炒秋葵

烹饪时间：7分钟　　口味：清淡

原料准备

秋葵·············· 150克
鸡蛋·············· 3个
虾仁·············· 100克

调料

盐················ 3克
鸡粉·············· 3克
料酒、水淀粉··· 各适量
食用油············ 少许

制作方法

1 将洗净的秋葵切去柄部，斜刀切小段；处理好的虾仁切成丁状。

2 鸡蛋打入碗中，加入盐、鸡粉，搅拌均匀。

3 把切好的虾仁倒入碗中，加入盐、料酒、水淀粉，拌匀，腌渍入味。

4 用油起锅，倒入虾仁，炒至转色；放入秋葵，翻炒约3分钟至熟后盛出。

5 用油起锅，倒入打好的鸡蛋液。

6 放入秋葵和虾仁，翻炒约2分钟，至全部食材熟透。

7 盛出炒好的菜肴，装入盘中即可。

炒·功·秘·诀

秋葵可以先焯一下水，这样炒的时间可以短一点。

桂圆炒蟹块

烹饪时间：2分钟　口味：鲜

原料准备 🦀

蟹块……………400克

桂圆肉…………100克

洋葱……………50克

姜片、葱段、蒜片、洋

葱片……………各少许

调料 🥄

料酒……………10毫升

生抽……………5毫升

生粉……………20克

盐………………2克

鸡粉……………2克

食用油……………适量

制作方法 🍚

1 将洗净的蟹块装入盘中，撒上生粉，拌匀。

2 热锅注油，烧至六成热，放入蟹块，炸约半分钟至其呈鲜红色后捞出。

3 锅底留油，放入洋葱、姜片、蒜片、葱段，爆香；再倒入蟹块，淋入适量料酒，炒匀。

4 放入盐、鸡粉、生抽，炒匀；最后倒入桂圆肉，炒匀即可。

竹笋炒鳝段

烹饪时间：2分钟　口味：鲜

原料准备

鳝鱼肉·············130克
竹笋···············150克
青椒···············30克
红椒···············30克
姜片、蒜末······各少许
葱段···············适量

调料

盐·················3克
鸡粉、料酒、水淀粉、
食用油···········各适量

制作方法

1 将洗净的鳝鱼肉切片；洗净的竹笋切片；洗净的青椒、红椒切小块。

2 鳝鱼片装碗，加盐、鸡粉、料酒、水淀粉，腌渍入味。

3 竹笋片、鳝鱼片分别焯水，捞出沥干。

4 用油起锅，放入姜片、蒜末、葱段爆香；再倒入青椒、红椒、竹笋、鳝鱼，炒匀；最后加盐、鸡粉、水淀粉，炒至食材熟透即成。

炒·功·秘·诀

鳝鱼肉切片前用刀背拍打几下，可以使鳝鱼肉的口感更好。

茶树菇炒鳝丝

烹饪时间：6分钟　　口味：鲜

原料准备 🌽

鳝鱼	200克
青椒	10克
红椒	10克
茶树菇	适量
姜片、葱花	各少许

调料 🥄

盐	2克
鸡粉	2克
生抽	5毫升
料酒	5毫升
水淀粉	少许
食用油	适量

制作方法 🍳

1 将洗净的红椒去籽后切成条。

2 将洗净的青椒去籽后切成条。

3 将洗净的鳝鱼肉切成条。

4 用油起锅，放入备好的鳝鱼，炒匀；放入
　姜片、葱花，炒匀。

5 淋入料酒，炒匀；再倒入青椒、红椒，放
　入洗净切好的茶树菇，炒约2分钟，至锅中
　食材熟透。

6 放入盐、生抽、鸡粉、料酒，炒匀调味；
　倒入适量水淀粉勾芡，盛出即可。

▲ 炒·功·秘·诀 ⌃

茶树菇可用热水烫一下，这样能去除异味。

桂圆炒海参

烹饪时间：4分钟　　口味：鲜

原料准备

莴笋	200克
水发海参	200克
桂圆肉	50克
枸杞、姜片	各适量
葱段	少许

调料

盐	4克
鸡粉	4克
料酒	10毫升
生抽	5毫升
水淀粉	5毫升
食用油	适量

制作方法

1. 将洗净、去皮的莴笋切成薄片。
2. 锅中注水烧开，加入少许盐、鸡粉，放入洗净的海参，淋入适量料酒，焯煮约1分钟。
3. 倒入莴笋，淋入少许食用油，拌匀，焯煮约1分钟。
4. 用油起锅，放入姜片、葱段，爆香；倒入焯过水的莴笋、海参，炒匀。
5. 加入少许盐、鸡粉、生抽，炒匀调味；再倒入适量水淀粉勾芡。
6. 放入洗净的桂圆肉、枸杞，拌炒均匀，盛出即可。

炒·功·秘·诀

生抽不宜多放，以免影响海参的口感。

花样主食

"民以食为天，食以饭为先"，在老百姓的一日三餐中，米饭担当着主要角色。平时我们吃白米饭要配上菜一起吃，才够滋味。炒饭可以说是白米饭的一个完美的延伸，它把白米饭与其他食材很好地搭配起来，经过炒制，味道更加诱人。除了炒饭，炒粉、炒面也是非常经典的日常美味，爱主食的朋友可以换着花样"炒"起来！

蛤蜊炒饭

烹饪时间：3分钟　　口味：鲜

原料准备

蛤蜊肉……………50克

洋葱、彩椒……各40克

鲜香菇……………35克

胡萝卜……………50克

芹菜………………25克

大米饭……………100克

糙米饭……………100克

调料

盐、鸡粉…………各2克

胡椒粉………………少许

芝麻油……………2毫升

食用油………………适量

制作方法

1 将洗净、去皮的胡萝卜切粒；洗净的香菇、芹菜、彩椒、洋葱切成粒。

2 锅中注水烧开，倒入胡萝卜、香菇，焯煮至断生，捞出沥干。

3 用油起锅，倒入芹菜、彩椒、洋葱，炒香；倒入大米饭、糙米饭，炒至松散；再加入蛤蜊肉、胡萝卜、香菇，炒熟。

4 加入适量盐、鸡粉，炒匀调味；最后放入少许胡椒粉、芝麻油，翻炒入味，装入盘中即可。

葡萄干炒饭

烹饪时间：2分钟　口味：鲜

原料准备

火腿···············40克
洋葱···············20克
虾仁···············30克
米饭·············150克
葡萄干···········25克
鸡蛋···············1个
葱末···············少许

调料

盐·················2克
食用油···········适量

制作方法

1. 鸡蛋打入小碟子中，搅散、调匀，制成蛋液。
2. 将洗净的洋葱、火腿切粒；洗净的虾仁切成肉丁。
3. 热锅注油，倒入蛋液，炒熟后盛出。
4. 锅底留油，倒入洋葱粒、火腿粒，炒匀；下入虾仁丁，炒至虾肉呈淡红色；再加入葡萄干、米饭、鸡蛋，炒匀；最后加盐调味，撒上葱末，炒出葱香味即成。

炒·功·秘·诀

锅中注油后要转动几下，这样煎炒鸡蛋时受热才均匀，蛋液才更容易熟。

松子仁玉米炒饭

烹饪时间：3分钟　　口味：鲜

原料准备

冷米饭·············300克

玉米粒············45克

青豆···············35克

腊肉···············55克

鸡蛋···············1个

水发香菇·········40克

熟松子仁·········25克

葱花···············少许

调料

食用油·············适量

制作方法

1 将洗净的香菇切成丁；洗净的腊肉切成丁。

2 锅中注入适量清水烧开，倒入洗净的青豆、玉米粒，焯煮至食材断生，捞出沥干。

3 用油起锅，倒入腊肉丁，翻炒均匀；倒入香菇丁，炒匀。

4 打入鸡蛋，炒散；倒入备好的冷米饭，用中小火炒匀。

5 倒入焯过水的食材，翻炒匀。

6 撒上葱花，炒出香味；最后倒入少许熟松子仁，炒匀，装入盘中，撒上余下的熟松子仁即成。

炒·功·秘·诀

腊肉可先焯煮再炒，这样就不会很咸了；炒饭的时候一定要不停地翻动，这样更易炒匀。

原料准备

冷米饭·············190克

腐乳··············20克

鸡蛋液············100克

鸡脯肉············75克

调料

鸡粉··············2克

水淀粉············少许

食用油············适量

腐乳炒饭

烹饪时间：5分钟　口味：咸

制作方法

1 将洗净的鸡脯肉切成丁。

2 切好的鸡脯肉装入碗中，加入部分腐乳，拌匀；倒入部分鸡蛋液，拌匀；加入水淀粉、食用油，拌匀，腌渍入味。

3 用油起锅，倒入剩余的鸡蛋液，炒散；放入冷米饭，翻炒约2分钟至熟；关火后盛出炒好的米饭。

4 用油起锅，倒入鸡丁，炒至转色；再倒入米饭，加入剩余的腐乳，炒匀；最后加入鸡粉，翻炒片刻至入味即可。

菠萝炒饭

烹饪时间：2分钟　口味：鲜

原料准备

冷米饭…………… 150克
火腿肠…………… 100克
玉米粒…………… 50克
鸡蛋……………… 1个
菠萝丁…………… 30克
圆椒……………… 20克
葱花……………… 少许

调料

盐………………… 3克
鸡粉……………… 2克
食用油…………… 适量

制作方法

1 将洗净的圆椒切成粒；火腿肠切成丁；鸡蛋打入碗中，搅散，制成蛋液。

2 玉米粒、圆椒丁焯水；热锅注油烧热，放入火腿丁，滑油至变软后捞出。

3 锅底留油烧热，倒入蛋液、冷米饭，炒松散，倒入玉米粒、圆椒丁，炒匀。

4 放入火腿丁、菠萝丁，炒匀；转小火，加盐、鸡粉，炒匀调味，撒上葱花，炒出葱香即成。

炒·功·秘·诀

炒饭时宜用大火炒，这样炒出的米饭才会颗粒分明，避免黏结成块。

美式海鲜炒饭

烹饪时间：12分钟　口味：鲜

原料准备 🥬

冷米饭…………200克
青椒……………30克
红椒……………30克
洋葱……………40克
西红柿…………40克
猪瘦肉…………45克
鸡腿肉…………50克
蛤蜊……………50克
虾仁……………35克
蒜末……………少许

调料 🥄

盐………………2克
鸡粉……………2克
食用油…………适量

制作方法 🍳

1 将洗净的青椒、红椒去籽后切小块；洗净的洋葱切块；洗净的西红柿、鸡腿肉切小块；洗净的瘦肉切片。

2 用油起锅，倒入瘦肉片，放入切好的鸡腿肉，炒约1分钟至转色。

3 倒入蒜末，炒香。

4 放入冷米饭，压散，炒约1分钟。

5 放入青红椒、洋葱、西红柿，翻炒均匀。

6 注入适量清水，炒拌均匀，大火焖5分钟至熟软入味；倒入蛤蜊和洗净的虾仁，炒拌约1分钟至熟透。

7 加入盐、鸡粉，炒拌至入味；关火后将炒饭盛入盘子即可。

🍲 炒·功·秘·诀

米饭在煮制的时候可以加入适量食用油，这样可以让米饭颗颗饱满；虾仁可事先腌渍一会儿，炒的时候会更入味。

干贝蛋炒饭

烹饪时间：3分钟　　口味：鲜

原料准备

冷米饭·············180克

干贝·············40克

鸡蛋·············1个

葱花·············少许

调料

盐·············2克

鸡粉·············2克

食用油·············适量

制作方法

1 将洗净的干贝拍碎；鸡蛋打入碗中调匀，制成蛋液。

2 热锅注油，烧至三四成热，放入干贝，搅匀，炸至金黄色，捞出沥干。

3 锅留底油烧热，倒入蛋液，炒散呈蛋花状；再倒入冷米饭，炒至松散；最后加盐、鸡粉，炒匀调味。

4 撒上干贝，倒入葱花，炒出香味即可。

原料准备 🥜

冷米饭·············· 150克
豌豆···················30克
胡萝卜丁··········15克
鸡蛋··················1个
葱花··················少许

调料 🥄

生抽··················3毫升
盐、鸡粉··········各2克
芝麻油·············少许
食用油·············适量

制作方法 🍲

1 将洗净、去皮的胡萝卜切丁；鸡蛋打入碗中，打散调匀，制成蛋液。

2 锅中注入适量清水烧开，倒入少许食用油，放入豌豆、胡萝卜丁，拌匀，焯煮约1分钟至断生，捞出沥干。

3 用油起锅，倒入蛋液，炒匀呈蛋花状；倒入冷米饭，炒松散；放入焯过水的食材，炒匀，至食材熟透。

4 淋入生抽，炒匀；再加入盐、鸡粉，炒匀调味；撒上葱花，最后炒出香味；淋入少许芝麻油，炒匀即可。

酱油炒饭

烹饪时间：3分钟　口味：鲜

鸭蛋炒饭

烹饪时间：3分钟　　口味：鲜

原料准备

冷米饭	220克
黄油	30克
鸭蛋	65克
葱花	少许

调料

鱼露	6毫升
盐	2克
鸡粉	2克

制作方法

1 取一个大碗，打入鸭蛋，再倒入冷米饭，搅拌均匀。

2 淋入适量鱼露，搅拌匀。

3 热锅放入黄油，烧至熔化。

4 倒入冷米饭，翻炒松散。

5 加入少许盐、鸡粉，翻炒调味。

6 倒入备好的葱花，翻炒出葱香。

7 关火，将炒好的饭盛出，装入碗中即可。

炒·功·秘·诀

鸭蛋液充分打匀后再倒入米饭，味道会更好；炒的时候应该把握好时间，以免饭粒太硬。

松茸炒饭

烹饪时间：5分钟　　口味：清淡

原料准备

水发姬松茸·········90克
冷米饭·············180克
胡萝卜·············65克
上海青·············50克
豌豆···············50克
葱花···············少许

调料

盐·················2克
鸡粉···············2克
生抽···············5毫升
食用油·············适量

制作方法

1　将洗净、去皮的胡萝卜切丁；洗净的上海青去根部，切块；洗净的姬松茸去根部，切丁。

2　豌豆、胡萝卜丁焯煮后捞出。

3　用油起锅，倒入姬松茸，炒香；放入胡萝卜丁、豌豆，炒匀。

4　倒入冷米饭，炒匀；再加入生抽、盐、鸡粉，炒匀；最后放入上海青、葱花，翻炒约2分钟至熟即可。

香芹炒饭

烹饪时间：3分钟　口味：鲜

原料准备

冷米饭……………180克

香芹………………25克

胡萝卜……………10克

鸡蛋………………1个

豌豆………………35克

调料

盐…………………3克

鸡粉………………2克

芝麻油……………适量

食用油……………适量

制作方法

1 将洗净的香芹菜切段；洗净的胡萝卜切丁；鸡蛋打入碗中，调匀。

2 锅中注水烧开，加入少许盐、食用油，放入胡萝卜、豌豆，焯煮至断生后捞出。

3 用油起锅，倒入蛋液，炒散；倒入冷米饭，炒松散；再放入焯煮过的食材，加入盐、鸡粉，炒匀调味。

4 放入芹菜、芝麻油，炒香、炒透即可。

炒·功·秘·诀

选用细细的香芹会使炒饭更香。

彩虹炒饭

烹饪时间：3分钟　　口味：鲜

原料准备

冷米饭…………………200克

火腿肠…………………80克

红椒……………………40克

豆角……………………50克

青豆……………………50克

玉米粒…………………45克

蛋液……………………60克

葱花……………………少许

调料

盐………………………2克

鸡粉……………………2克

食用油…………………适量

制作方法

1 将洗净的红椒去籽后切丁；洗净的豆角切粒；火腿肠切丁。

2 锅中注水烧开，放入青豆、玉米粒、豆角，搅拌，焯煮至断生，捞出沥干。

3 用油起锅，倒入蛋液，翻炒熟。

4 加入火腿肠，炒匀。

5 倒入焯煮好的食材，炒匀；再放入红椒、冷米饭，炒匀、炒松散。

6 放入盐、鸡粉，炒匀调味。

7 放入葱花，炒匀，将炒好的米饭盛出装入碗中即可。

炒·功·秘·诀

蔬菜类食材先焯煮一遍，能够保持其原有的色泽，且炒制时更容易熟。

原料准备 🥕

冷米饭……………120克
胡萝卜……………35克
口蘑………………20克
虾仁………………40克
奶油………………20克
葱花………………少许

调料 🧂

盐、鸡粉、水淀粉、
食用油………各适量

虾仁蔬菜炒饭

烹饪时间：4分钟　口味：鲜

制作方法 🍲

1 将洗净的口蘑切成丁；洗净、去皮的胡萝卜切成丁；洗净的虾仁挑出虾线后切成丁，放入碗中，加盐、鸡粉、水淀粉，腌渍入味。

2 锅中注水烧开，加入少许盐，倒入口蘑、胡萝卜，焯煮至断生后捞出；倒入虾仁，焯煮至虾仁变色后捞出。

3 锅中注油烧热，放入虾仁，炒香；加入胡萝卜、口蘑，炒匀；倒入冷米饭，炒匀；再加少许清水，炒至松散。

4 撒上葱花，放入少许奶油，加入少许盐，翻炒匀至食材入味即可。

奶酪炒饭

烹饪时间：3分钟　口味：鲜

原料准备

冷米饭……………180克

奶酪粉………………35克

胡萝卜………………60克

玉米粒………………60克

调料

番茄酱………………30克

盐……………………2克

鸡粉…………………2克

食用油………………适量

制作方法

1 将洗净、去皮的胡萝卜切成丁。

2 热锅注油烧热，倒入胡萝卜、玉米粒，翻炒至软。

3 倒入冷米饭，翻炒均匀；再倒入番茄酱，快速炒匀。

4 加入盐、鸡粉，翻炒片刻至入味；最后倒入奶酪粉，
翻炒均匀即可。

炒·功·秘·诀

奶酪粉可以购买包装好的，也可以用奶酪磨成细细
的粉。

咖喱虾仁炒饭

烹饪时间：10分钟　　口味：清淡

原料准备

冷米饭·············· 350克

虾仁················ 80克

咖喱················ 20克

胡萝卜·············· 25克

洋葱丁·············· 25克

青豆················ 20克

鸡蛋················ 2个

调料

盐················· 2克

鸡粉················ 3克

食用油·············· 适量

制作方法

1 将洗净、去皮的胡萝卜切丁；洗净的虾仁横刀切开。

2 鸡蛋打入碗中，搅散。

3 用油起锅，倒入鸡蛋液，翻炒约1分钟至熟后盛出。

4 用油起锅，倒入洋葱、胡萝卜、青豆、虾仁，炒至熟软后盛出。

5 用油起锅，放入咖喱，炒至熔化；再倒入冷米饭，翻炒至松软。

6 加入炒好的鸡蛋，炒匀。

7 倒入炒好的菜肴，拌匀；最后加入盐、鸡粉，炒至入味，将炒好的饭盛出即可。

炒·功·秘·诀

米饭炒制前最好放入冰箱冷藏，取出来后打散，这样炒出来的米饭才会粒粒分明、口感好。

培根辣白菜炒饭

烹饪时间：5分钟　　口味：鲜

原料准备 🥢

冷米饭⋯⋯⋯⋯230克
培根⋯⋯⋯⋯100克
辣白菜⋯⋯⋯120克
葱花、蒜末⋯⋯各少许

调料 🧂

鸡粉⋯⋯⋯⋯⋯2克
生抽⋯⋯⋯⋯⋯3毫升
食用油⋯⋯⋯⋯适量

制作方法 🍳

1 将培根切成小块。

2 用油起锅，放入培根，炒匀，炒至转色。

3 倒入蒜末，炒匀、炒香；加入辣白菜，炒匀；倒入冷米饭，炒匀。

4 放生抽、鸡粉，炒匀；最后放入葱花，炒匀即可。

回锅肉炒饭

烹饪时间：3分钟　口味：鲜

原料准备

冷米饭·············· 160克

熟猪肉·············· 120克

豆豉··················· 15克

蒜苗··················· 30克

葱花··················· 少许

调料

甜面酱·············· 30克

生抽·············· 5毫升

鸡粉··················· 2克

食用油·············· 适量

制作方法

1 将洗净、摘好的蒜苗切成小段；熟猪肉切成薄片。

2 热锅注油烧热，倒入肉片，炒香；加入豆豉，翻炒出香味。

3 加入甜面酱、冷米饭，快速翻炒匀；再倒入蒜苗，加入生抽、鸡粉，翻炒匀。

4 倒入备好的葱花，翻炒出葱香即可。

炒·功·秘·诀

肉片最好切得小一些，炒的时候更易熟透；可多翻炒一会儿，能减淡食材的油腻口感。

广式腊肠鸡蛋炒饭

烹饪时间：3分钟　　口味：鲜

原料准备

冷米饭…………………185克

蛋液…………………100克

腊肠……………………85克

葱花……………………少许

调料

盐………………………2克

鸡粉…………………少许

食用油…………………适量

制作方法

1 蛋液装入碗中，撒上少许盐，搅散、调匀。

2 锅中注入适量清水烧开，放入腊肠，焯煮一会儿，焯去多余的盐分，捞出沥干。

3 腊肠放凉后切成小块。

4 用油起锅，倒入调好的蛋液，炒匀，至其五六成熟后关火，盛出。

5 另起油锅烧热，倒入腊肠，炒出香味。

6 倒入冷米饭，炒散；再倒入炒过的鸡蛋，翻炒均匀。

7 加入盐、鸡粉，撒上葱花，炒至熟透即可。

炒·功·秘·诀

蛋液里若加少许料酒，炒出来的鸡蛋口感更鲜嫩。

咸鱼鸡丁炒饭

烹饪时间：3分钟　　口味：鲜

原料准备

冷米饭…………160克
鸡肉……………40克
咸鱼……………35克
葱花……………少许

调料

鸡粉、盐………各1克
胡椒粉…………适量
水淀粉…………适量
芝麻油…………适量
食用油…………适量

制作方法

1 咸鱼取鱼肉切丁；洗净的鸡肉切丁装碗，加入鸡粉、盐、水淀粉、食用油，腌渍入味。

2 热锅注油，倒入鸡肉丁，滑油约半分钟至变色后捞出。

3 油锅中倒入咸鱼丁，搅匀，炸至金黄后捞出。

4 用油起锅，倒入冷米饭，炒松散；倒入鸡肉丁、咸鱼丁，炒匀；再撒上葱花，炒香；最后加入芝麻油、胡椒粉，炒匀调味即可。

原料准备

熟糯米	230克
虾皮	20克
洋葱	35克
腊肠	65克
水发香菇	55克
香菜末	少许

调料

盐	少许
鸡粉	2克
食用油	适量

制作方法

1 将洗净的香菇切成粗丝；洗净的洋葱切成小块；洗净的腊肠斜刀切成片。

2 用油起锅，倒入香菇丝，炒匀炒香；放入腊肠片，炒匀。

3 倒入洋葱，翻炒一会儿；撒上虾皮，放入熟糯米，炒匀、炒散；加入少许盐，炒匀。

4 加鸡粉，用中火翻炒至食材熟透即成。

生炒糯米饭

烹饪时间：3分钟　口味：咸

腊味炒饭

烹饪时间：4分钟　　口味：鲜

原料准备

冷米饭	220克
腊肉	65克
香菇	45克
胡萝卜	40克
花椒	适量
八角、葱花	各少许

调料

盐	2克
鸡粉	适量
胡椒粉	少许
蚝油	5克
生抽	4毫升
食用油	适量

制作方法

1 腊肉切成丁；洗净的香菇切小块；洗净、去皮的胡萝卜切成丁。

2 用油起锅，倒入胡萝卜丁，炒匀。

3 放入香菇丁，炒出香味，淋上适量生抽。

4 加入少许蚝油，炒匀、炒透后盛出。

5 另起油锅，用大火烧热，放入花椒、八角，爆香后捞出；再倒入腊肉丁，炒匀。

6 倒入冷米饭，炒匀炒散；倒入炒过的材料，炒匀。

7 加入生抽、鸡粉、盐，炒匀调味；撒上胡椒粉，倒入葱花，炒出葱香即可。

炒·功·秘·诀

腊肉最好焯一下水，能减淡米饭的咸味；腊肉含有盐分，因此炒饭时可以少放盐或者不放盐。

原料准备

冷米饭···········200克
鳕鱼肉···········120克
胡萝卜···········90克
白兰地···········10毫升
葱花·············少许

调料

盐、鸡粉·········各2克
生抽·············4毫升
胡椒粉···········少许
食用油···········适量

鳕鱼炒饭

烹饪时间：4分钟　口味：鲜

制作方法

1 将洗净、去皮的胡萝卜切丝；洗净的鳕鱼肉切丁，装入碗中，放少许盐、胡椒粉、生抽，腌渍入味。

2 热锅注油，烧至三四成热，倒入鱼肉丁，煎至焦黄后盛出。

3 用油起锅，倒入胡萝卜，略炒；倒入冷米饭，炒松散；放入鱼肉丁，炒匀。

4 加入少许盐，撒上鸡粉，炒匀调味；再放入白兰地，炒匀；最后放入葱花，炒匀即可。

咖喱卤蛋炒饭

烹饪时间：4分钟　口味：鲜

原料准备

咖喱粉……………20克

卤蛋…………………2个

冷米饭…………200克

葱花………………少许

调料

盐…………………2克

鸡粉………………2克

食用油……………适量

制作方法

1　将卤蛋切成丁。

2　用油起锅，放入卤蛋、咖喱粉，炒匀。

3　倒入冷米饭，翻炒松散。

4　放盐、鸡粉、葱花，炒匀调味即可。

炒·功·秘·诀

炒鸡蛋的时候可以炒碎点，这样炒饭时会更易炒匀；咖喱粉不宜过多，以免影响炒饭的口味。

南瓜炒饭

烹饪时间：8分钟　　口味：清淡

原料准备

冷米饭	120克
南瓜	90克
瘦肉	50克
葱花	少许

调料

盐、鸡粉	各2克
生抽	10毫升
料酒	5毫升
白胡椒粉	3克
水淀粉	少许
食用油	适量

制作方法

1 将洗净、去皮的南瓜切成丁；洗净的瘦肉切成丁。

2 瘦肉丁装入碗中，加入盐、料酒、生抽、白胡椒粉、水淀粉、食用油，拌匀，腌渍入味。

3 锅中注水烧开，倒入南瓜丁，焯煮片刻，捞出沥干。

4 用油起锅，倒入瘦肉丁，炒至转色。

5 放入南瓜丁，炒匀。

6 注入清水，焖至熟；再倒入冷米饭，炒散。

7 加入生抽、盐、鸡粉，炒匀；最后倒入葱花，翻炒约2分钟至入味即可。

炒·功·秘·诀

南瓜切成小丁，这样更容易炒熟；米饭可以事先搅散再翻炒，会更容易炒匀。

包菜炒米粉

烹饪时间：5分钟　　口味：清淡

原料准备

水发米粉………… 160克

包菜………………… 100克

五花肉……………… 90克

红椒………………… 30克

姜丝、蒜片…… 各少许

葱段………………… 适量

调料

盐、鸡粉………… 各2克

生抽、老抽… 各5毫升

食用油……………… 适量

制作方法

1　将洗净的红椒切丝；洗净的五花肉切丝；洗净的包菜切丝。

2　用油起锅，倒入五花肉，炒至转色；放入姜丝、蒜片，爆香。

3　倒入包菜丝，炒匀；再放入米粉、红椒丝，炒匀。

4　加入生抽、老抽、盐、鸡粉，翻炒约2分钟至入味；最后倒入葱段，炒匀即可。

辣椒酱炒粉

烹饪时间：2分钟　口味：辣

原料准备

熟米粉…………… 150克

葱花、蒜末……各少许

调料

老干妈辣椒酱……40克

盐…………………2克

鸡粉………………2克

食用油……………适量

制作方法

1 热锅注油烧热，倒入蒜末，爆香。

2 倒入熟米粉、老干妈辣椒酱，快速翻炒匀。

3 加入盐、鸡粉，翻炒片刻至入味。

4 倒入葱花，翻炒出葱香即可。

炒·功·秘·诀

倒入米粉后可以用筷子搅散，能让炒粉炒得更均匀；炒粉一般要用大火炒，并迅速炒出锅，这样口感才好。

牛肉粒炒河粉

烹饪时间：6分钟　口味：鲜

原料准备 🥬

熟河粉…………… 120克
牛肉……………… 90克
韭菜……………… 20克
豆芽……………… 30克
小白菜…………… 10克
洋葱……………… 20克
白芝麻…………… 5克
蒜片……………… 少许
彩椒……………… 20克

调料 🥫

盐………………… 2克
鸡粉……………… 3克
生抽…………… 10毫升
料酒…………… 5毫升
老抽…………… 5毫升
食粉……………… 适量
食用油…………… 适量
水淀粉…………… 适量

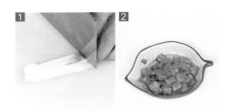

制作方法 🍲

1 将洗净的小白菜切段；洗净的洋葱切成丁；洗净的韭菜切段；洗净的牛肉、彩椒切成丁。

2 取一碗，放入牛肉、生抽、料酒、食粉、水淀粉、食用油，拌匀，腌渍入味。

3 热锅注油，烧至四成热，倒入牛肉，炸至牛肉熟软，捞出沥干。

4 用油起锅，倒入蒜片、洋葱，爆香。

5 放入豆芽、熟河粉，拌匀。

6 加入盐、鸡粉、生抽、老抽，翻炒至熟。

7 倒入小白菜、彩椒、韭菜、牛肉，炒匀至入味；最后将炒好的河粉盛出装入盘中，撒上白芝麻即可。

> 🍳 **炒·功·秘·诀**
>
> 河粉炒之前可用热水焯煮一下，更便于炒制；牛肉不要炒太久，否则会影响口感。

原料准备

面条……………… 120克
包菜……………… 180克
瘦肉、黄瓜……各45克
胡萝卜……………… 70克
彩椒……………… 20克

调料

盐、鸡粉………… 各2克
料酒……………… 4毫升
水淀粉…………… 6毫升
生抽……………… 5毫升

烹饪时间：3分钟　口味：鲜

肉丝包菜炒面

制作方法

1　将洗净的瘦肉、包菜切细丝；洗净、去皮的胡萝卜切细丝；洗净的彩椒、黄瓜切成细丝。

2　将肉丝放入碗中，加入少许盐、料酒、水淀粉、食用油，腌渍入味。

3　锅中注水烧开，倒入面条，用大火煮熟后捞出；热锅注油烧热，倒入肉丝滑油后捞出。

4　用油起锅，倒入胡萝卜、彩椒炒匀；放入包菜，快速翻炒；再倒入熟面条，加盐、鸡粉、生抽，拌匀；最后放入肉丝、黄瓜，炒匀即可。

洋葱猪肝炒面

烹饪时间：3分钟　口味：鲜

原料准备

切面·················· 120克

猪肝·················· 240克

豆芽·················· 75克

洋葱·················· 45克

香葱段·············· 少许

调料

盐···················· 2克

鸡粉················· 1克

生抽················· 5毫升

老抽················· 2毫升

料酒················· 4毫升

水淀粉·············· 适量

食用油·············· 适量

制作方法

1　将洗净的洋葱切片；洗净的猪肝切片，放入碗中，加入盐、料酒、水淀粉，腌渍入味。

2　锅中注入清水烧开，放入切面煮熟后捞出；热锅注油，烧至三四成热，倒入猪肝，拌匀后捞出。

3　锅内注油烧热，放入熟切面、豆芽、洋葱，炒软。

4　放入猪肝，炒熟；加盐、生抽、老抽、鸡粉，炒匀；最后放香葱段炒香，盛出即可。

炒·功·秘·诀

猪肝在烹制前用水淀粉腌渍一下，口感会更佳；炒面时可加入些许醋，口感会更好。

干煸炒面

烹饪时间：4分钟　口味：淡

原料准备 🥜

芹菜·················50克
洋葱·················50克
猪瘦肉···············50克
熟宽面条·········· 150克
豆瓣酱···············20克
干辣椒···············适量
蒜末·················适量

调料 🥄

盐···················2克
鸡粉·················2克
花椒粉···············1克
生抽···············5毫升
老抽···············3毫升
食用油···············适量

制作方法 🍲

1 洗净的芹菜切成段。

2 洗净的洋葱切成片。

3 洗净的瘦肉切成丝。

4 用油起锅，倒入肉丝，炒至转色。

5 倒入干辣椒、蒜末，炒香。

6 加入花椒粉，略炒；倒入芹菜、洋葱、豆瓣酱，炒匀；再倒入熟宽面条，翻炒均匀。

7 淋上生抽、老抽，炒匀入味；最后加入盐，鸡粉，炒匀即可。

🍳 炒·功·秘·诀

瘦肉可以先腌渍片刻，以增加菜肴香浓的口感；炒面时可以稍微加点糖，味道会变得更加可口。

丝瓜肉末炒刀削面

烹饪时间：7分钟　　口味：鲜

原料准备

刀削面·············200克
丝瓜···············150克
肉末···············150克

调料

盐·················2克
鸡粉···············2克
料酒···············3毫升
生抽···············5毫升
食用油·············适量

制作方法

1 将洗净、去皮的丝瓜切滚刀块。

2 锅中注水烧开，放入刀削面，淋入食用油，煮至面条熟软，捞出过凉水。

3 用油起锅，倒入肉末，炒至变色；加入料酒、生抽，倒入丝瓜，炒约3分钟至食材入味。

4 放入熟刀削面，炒匀；最后加入盐、鸡粉，炒至入味即可。

原料准备 🥜

熟拉面·············· 160克
青椒··················60克
茭白··················70克
胡萝卜················80克

调料 🍶

生抽··············5毫升
老抽··············3毫升
盐····················2克
鸡粉··················2克
食用油···············适量

制作方法 🍲

1 将洗净的青椒去籽后切成丝；洗净、去皮的胡萝卜切成丝。

2 将洗净的茭白切成丝。

3 热锅注油烧热，倒入茭白、胡萝卜、青椒，炒匀；倒入熟拉面，快速翻炒均匀。

4 加入生抽、老抽，翻炒上色；最后加入盐、鸡粉，翻炒片刻至入味即可。

烹饪时间：3分钟 口味：鲜

素三丝炒面

客家炒面

烹饪时间：3分钟　　口味：鲜

原料准备

熟圆面	200克
洋葱	40克
瘦肉	120克
虾米	40克
彩椒	30克
芹菜	40克
蒜末	少许

调料

生抽	5毫升
老抽	3毫升
盐	2克
鸡粉	2克
白胡椒粉	2克
料酒	4毫升
水淀粉	3毫升
食用油	适量

制作方法

1 将洗净的洋葱切粒；洗净的芹菜切成小粒；洗净的彩椒去籽后切粒；洗净的瘦肉切成片。

2 瘦肉装入碗中，加入盐、料酒、生抽、白胡椒粉、水淀粉、食用油，拌匀，腌渍入味。

3 热锅注油烧热，倒入洋葱、蒜末，将食材煎透后盛出，即为油酥。

4 锅底留油烧热，倒入肉片，翻炒至转色。

5 加入虾米、彩椒、芹菜，炒香。

6 倒入熟圆面，快速翻炒匀。

7 加入生抽、老抽、盐、鸡粉，翻炒入味；最后淋入油酥，炒匀即可。

炒·功·秘·诀

炸油酥的时候需不停地搅拌，才能让食材更好地受热；在炒洋葱的时候，可适当炒焦一点，味道会更香浓。

三鲜炒面

烹饪时间：6分钟　口味：清淡

原料准备

鸡蛋面·············· 150克
去皮胡萝卜········· 90克
香菇··················· 2个
葱花·················· 少许

调料

盐······················ 2克
鸡粉··················· 2克
生抽·················· 5毫升
老抽·················· 5毫升
食用油················ 适量

制作方法

1 将洗净的胡萝卜切成丝；洗净的香菇切粗条。

2 锅中注入适量清水烧开，放入鸡蛋面，煮至熟软，捞出沥干。

3 用油起锅，倒入胡萝卜丝、香菇条，炒香；再放入熟鸡蛋面，炒匀，

4 加入生抽、老抽、盐、鸡粉，翻炒约2分钟至入味；最后倒入葱花，炒匀即可。